똑똑한 **하루**

빅터
연산

Chunjae
Makes
Chunjae

▼

기획총괄	박금옥
편집개발	지유경, 정소현, 조선영, 최윤석, 김장미, 유혜지, 남솔, 정하영
디자인총괄	김희정
표지디자인	윤순미, 심지현
내지디자인	이은정, 김정우, 퓨리티
제작	황성진, 조규영
발행일	2023년 10월 1일 초판 2023년 10월 1일 1쇄
발행인	(주)천재교육
주소	서울시 금천구 가산로9길 54
신고번호	제2001-000018호
고객센터	1577-0902

똑똑한 **하루**

빅터연산

지루하고 힘든 연산은 **OUT!**

쉽고 재미있는 **빅터연산으로 연산홀릭**

2·C

초등 2 수준

빅터 연산
단/계/별 학습 내용

빅터 연산
구성과 특징
2단계 C권

흥미

만화로 흥미 UP
학습할 내용을 만화로 먼저 보면 흥미와 관심을 높일 수 있습니다.

개념 & 원리

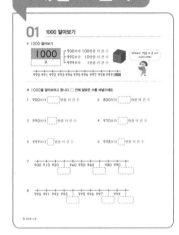

개념 & 원리 탄탄
연산의 원리를 쉽고 재미있게 확실히 이해하도록 하였습니다.
원리 이해를 돕는 문제로 연산의 기본을 다집니다.

정확성

집중 연산
집중 연산을 통해 연산을 더 빠르고 더 정확하게 해결할 수 있게
됩니다.

다양한 유형

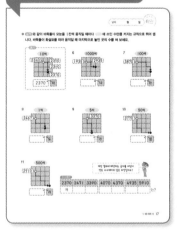

다양한 유형으로 흥미 UP
수수께끼, 연상퀴즈 등 다양한 형태의 문제로
게임보다 더 쉽고 재미있게 연산을 학습하면서
실력을 쌓을 수 있습니다.

Contents

차례

1 네 자리 수

오늘 빵은 많이 팔았니?

네~!

나는 7개 팔았어. 페페 너는?

나는 9개 팔았지.

야호~! 내가 이겼다!

내가 더 많이 팔았어야 했는데 ….

그래, 수고했다.

생각보다 적게 팔았네.

피노키오, 시합에서 내가 이겼으니 이제부터 나한테 누나라고 불러.

네…, 누나.

사실은 내가 피노키오 몰래 빵을 숨겼지~.

빵은 왜 안 팔고 여기에 숨겨 둔 거지?

학습내용

▶ 1000, 몇천 알아보기
▶ 네 자리 수와 자릿값 알아보기
▶ 뛰어 세기
▶ 규칙을 찾아 뛰어 세기
▶ 수의 크기 비교

연산력 게임

스마트폰을 이용하여 QR을 찍으면 재미있는 연산 게임을 할 수 있습니다.

01 1000 알아보기

✚ 1000 알아보기

1000	┌ 900보다 100만큼 더 큰 수
천	├ 990보다 10만큼 더 큰 수
	└ 999보다 1만큼 더 큰 수

999보다 1만큼 더 큰 수가 1000이에요!

990 991 992 993 994 995 996 997 998 999 1000

● 1000을 알아보려고 합니다. ⬜ 안에 알맞은 수를 써넣으세요.

1 900보다 ⬜ 만큼 더 큰 수

2 800보다 ⬜ 만큼 더 큰 수

3 990보다 ⬜ 만큼 더 큰 수

4 970보다 ⬜ 만큼 더 큰 수

5 999보다 ⬜ 만큼 더 큰 수

6 998보다 ⬜ 만큼 더 큰 수

7

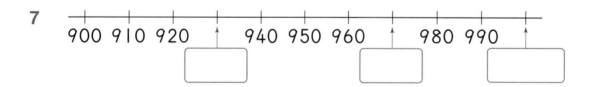

900 910 920 ⬜ 940 950 960 ⬜ 980 990 ⬜

8

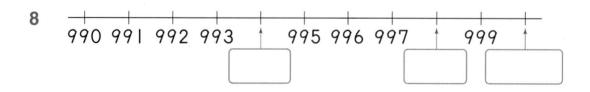

990 991 992 993 ⬜ 995 996 997 ⬜ 999 ⬜

● 보기 와 같이 1000원이 되려면 얼마가 더 필요한지 구하세요.

보기

100 원

9

□ 원

10
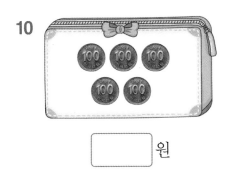

□ 원

11
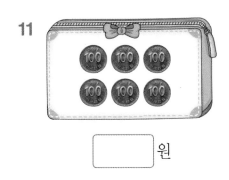

□ 원

12
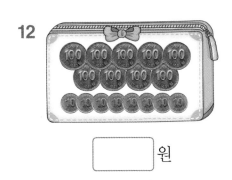

□ 원

13
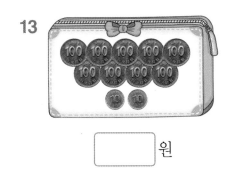

□ 원

14
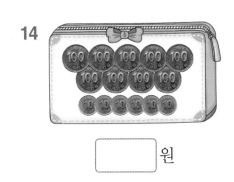

□ 원

15
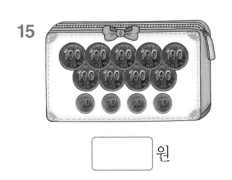

□ 원

02 몇천 알아보기

✚ **몇천 알아보기**

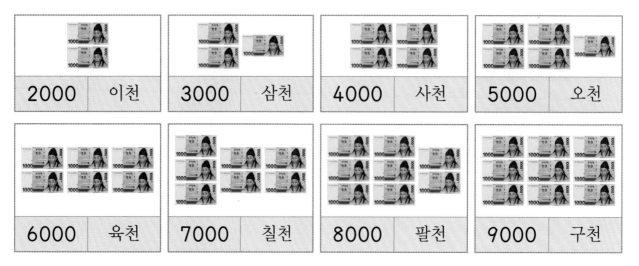

| 2000 | 이천 | 3000 | 삼천 | 4000 | 사천 | 5000 | 오천 |
| 6000 | 육천 | 7000 | 칠천 | 8000 | 팔천 | 9000 | 구천 |

● 보기 와 같이 ◯ 안에 알맞은 수를 써넣으세요.

보기

[4000] 원

1

[   ] 원

2

[   ] 원

3

[   ] 원

4

[   ] 원

5

[   ] 원

● 지수와 친구들이 각자 한 가지 음식을 먹고 음식값으로 낸 돈입니다. 먹은 음식은 무엇인지 알아보세요.

6 지수 〈 1000원짜리 5장을 냈어요.

7 철훈 〈 1000원짜리 8장을 냈어요.

8 혜수 〈 1000원짜리 6장을 냈어요.

9 경민 〈 1000원짜리 3장을 냈어요.

10 세호 〈 1000원짜리 9장을 냈어요.

11 민아 〈 1000원짜리 4장을 냈어요.

12 주경 〈 1000원짜리 2장을 냈어요.

13 상우 〈 1000원짜리 7장을 냈어요.

03 네 자리 수 알아보기

✛ 네 자리 수 쓰기

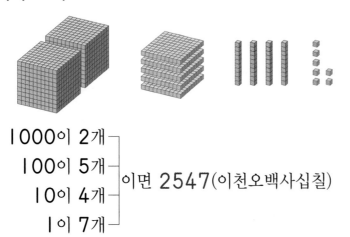

1000이 2개 ┐
100이 5개 ┤
10이 4개 ┤ 이면 2547(이천오백사십칠)
1이 7개 ┘

5139는
┌ 1000이 5개
├ 100이 1개
├ 10이 3개
└ 1이 9개

● ☐ 안에 알맞은 수를 써넣으세요.

1
1000이 4개 ┐
100이 9개 ┤
10이 2개 ┤ 이면 ☐
1이 5개 ┘

2
7263은
┌ 1000이 ☐ 개
├ 100이 ☐ 개
├ 10이 ☐ 개
└ 1이 ☐ 개

3
1000이 6개 ┐
100이 2개 ┤
10이 0개 ┤ 이면 ☐
1이 4개 ┘

4
1907은
┌ 1000이 ☐ 개
├ 100이 ☐ 개
├ 10이 ☐ 개
└ 1이 ☐ 개

5
1000이 2개 ┐
100이 7개 ┤
10이 8개 ┤ 이면 ☐
1이 1개 ┘

6
8049는
┌ 1000이 ☐ 개
├ 100이 ☐ 개
├ 10이 ☐ 개
└ 1이 ☐ 개

7 도움말에 적힌 것을 수로 나타내 숫자 퍼즐을 완성하세요.

① 4	3	❶ 8	7							
							④		❺	
			❷							
②						⑤	❻			
③	❸		❹							
						⑥				

[가로 도움말]

① 사천삼백팔십칠

② 육천오백십이

③ 칠천팔백사

④ 천사백팔십이

⑤ 구천이백육

⑥ 칠천사십

[세로 도움말]

❶ 1000이 8개, 100이 2개, 10이 7개, 1이 5개인 수

❷ 1000이 9개, 100이 2개, 10이 1개인 수

❸ 1000이 8개, 10이 5개, 1이 2개인 수

❹ 1000이 4개, 100이 2개, 1이 9개인 수

❺ 1000이 2개, 100이 9개, 10이 6개, 1이 3개인 수

❻ 1000이 2개, 10이 8개, 1이 7개인 수

04 자릿값 알아보기

✦ 2748의 자릿값 알아보기

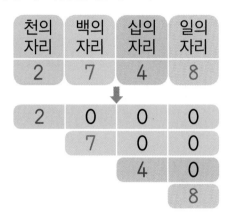

● 보기 와 같이 수의 자릿값을 알아보려고 합니다. 빈칸에 알맞은 수를 써넣으세요.

1
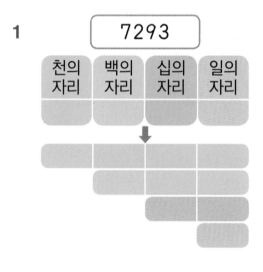

2
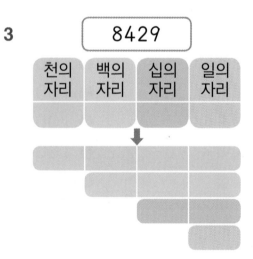

3

● 보기 와 같이 주어진 숫자가 나타내는 수를 ☐ 안에 알맞게 써넣으세요.

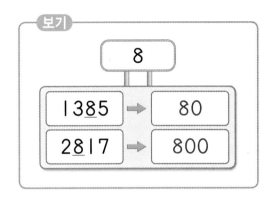

보기

8	
13**8**5 ➡	80
2**8**17 ➡	800

4

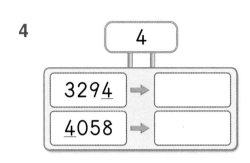

4	
329**4** ➡	
4058 ➡	

5

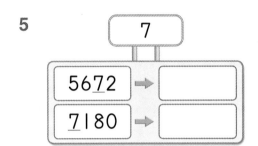

7	
56**7**2 ➡	
7180 ➡	

6

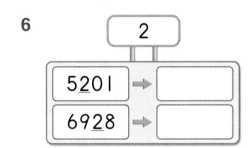

2	
5**2**01 ➡	
69**2**8 ➡	

7

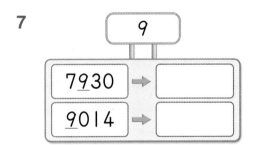

9	
7**9**30 ➡	
9014 ➡	

8

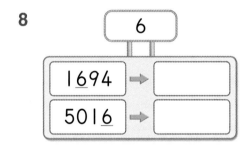

6	
1**6**94 ➡	
501**6** ➡	

9

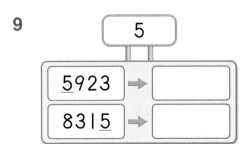

5	
5923 ➡	
831**5** ➡	

10

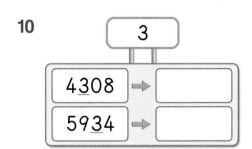

3	
4**3**08 ➡	
59**3**4 ➡	

05 뛰어 세기

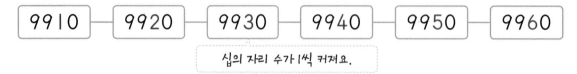

✚ **1000씩 뛰어 세기**

> 천의 자리 수가 1씩 커져요.

| 2500 | 3500 | 4500 | 5500 | 6500 | 7500 |

✚ **10씩 뛰어 세기**

| 9910 | 9920 | 9930 | 9940 | 9950 | 9960 |

> 십의 자리 수가 1씩 커져요.

● **뛰어 세어 보세요.**

1 [100씩 뛰어 세기]

2340 — 2440 — 2540 — 2640 — ◯ — ◯ — ◯

2 [1씩 뛰어 세기]

4751 — 4752 — 4753 — 4754 — ◯ — ◯ — ◯

3 [1000씩 뛰어 세기]

2710 — 3710 — 4710 — ◯ — ◯ — ◯ — ◯

4 [10씩 뛰어 세기]

5660 — 5670 — 5680 — ◯ — ◯ — ◯ — ◯

5 [50씩 뛰어 세기]

7250 — 7300 — 7350 — ◯ — ◯ — ◯ — ◯

● 보기와 같이 바둑돌이 모눈을 Ⅰ칸씩 움직일 때마다 ⬭에 쓰인 수만큼 커지는 규칙으로 뛰어 셉니다. 바둑돌이 화살표를 따라 움직일 때 마지막으로 놓인 곳의 수를 써 보세요.

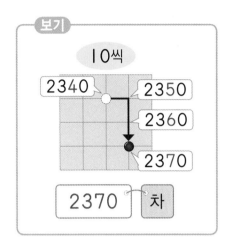

6
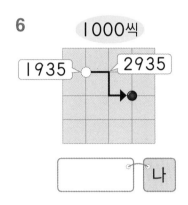

7
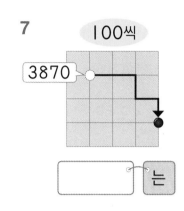

8
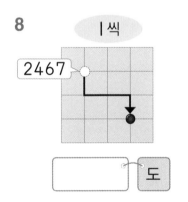

9
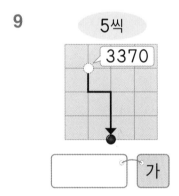

10
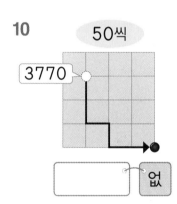

11
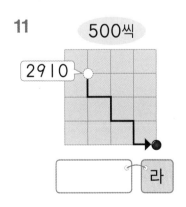

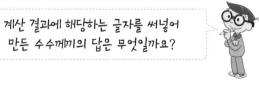
계산 결과에 해당하는 글자를 써넣어 만든 수수께끼의 답은 무엇일까요?

수수께끼							
2370	2471	3390		4070	4370		4935	5910
차								는?

06 규칙을 찾아 뛰어 세기

✛ **규칙을 찾아 뛰어 세기**

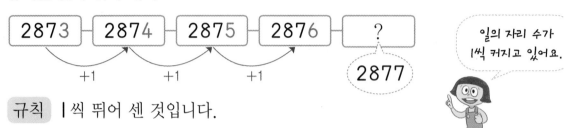

일의 자리 수가
1씩 커지고 있어요.

규칙 1씩 뛰어 센 것입니다.

➡ 2876 다음의 수는 2877입니다.

● **몇씩 뛰어 센 것인지 알아보세요.**

1 2547 – 2548 – 2549 – 2550
　　　　　　　　　　　□ 씩

2 3518 – 3618 – 3718 – 3818
　　　　　　　　　　　□ 씩

3 5214 – 6214 – 7214 – 8214
　　　　　　　　　　　□ 씩

4 6383 – 6393 – 6403 – 6413
　　　　　　　　　　　□ 씩

5 4792 – 4892 – 4992 – 5092
　　　　　　　　　　　□ 씩

6 2730 – 2780 – 2830 – 2880
　　　　　　　　　　　□ 씩

7 1445 – 1945 – 2445 – 2945
　　　　　　　　　　　□ 씩

8 6372 – 6377 – 6382 – 6387
　　　　　　　　　　　□ 씩

● 규칙에 따라 뛰어 세어 보세요.

9

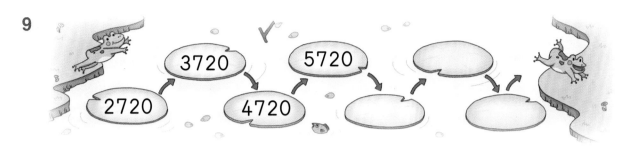

2720 · 3720 · 4720 · 5720

10

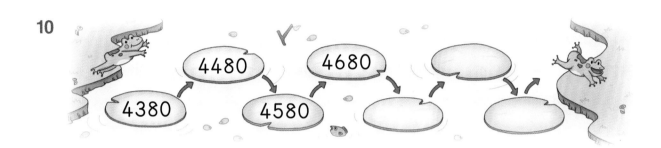

4380 · 4480 · 4580 · 4680

11

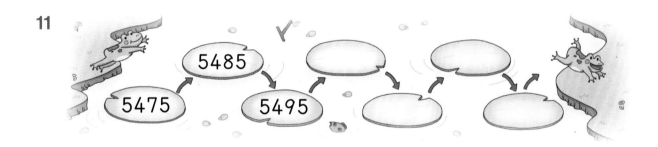

5475 · 5485 · 5495

12

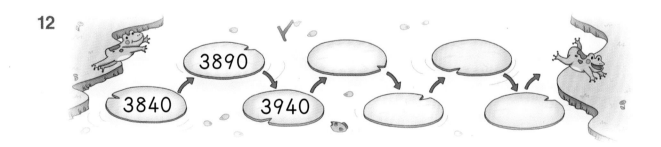

3840 · 3890 · 3940

13

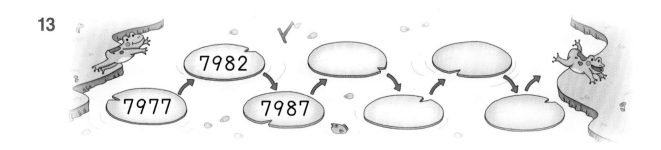

7977 · 7982 · 7987

07 수의 크기 비교

✛ 4378과 5126의 크기 비교

$$4378 < 5126$$
$$4 < 5$$

천의 자리 수가 클수록 커요.

✛ 3725와 3596의 크기 비교

$$3725 > 3596$$
$$7 > 5$$

네 자리 수의 크기는 천 → 백 → 십 → 일의 자리 순서대로 비교해요.

● 두 수의 크기를 비교하여 ◯ 안에 >, <를 알맞게 써넣으세요.

1 1548 ◯ 2134
   1 ◯ 2

2 4273 ◯ 4269
   7 ◯ 6

3 1472 ◯ 936

   1659 ◯ 1817

4 3889 ◯ 1020

   2716 ◯ 2174

5 6232 ◯ 6099

   7468 ◯ 7503

6 5937 ◯ 6015

   8215 ◯ 8251

7 4285 ◯ 3927

   5391 ◯ 5417

8 6894 ◯ 6890

   7321 ◯ 7163

● 놀이공원에서 하루 동안 놀이 기구를 이용한 사람 수를 조사한 것입니다. 수의 크기를 비교하여 ○ 안에 >, <를 알맞게 써넣으세요.

놀이 기구	바이킹	회전목마	범퍼카	대관람차	귀신의 집	회전 그네	롤러코스터
사람 수(명)	3772	5423	3925	5418	3768	3920	3775

9 바이킹 ○ 회전목마
3772   5423

10 범퍼카 ○ 귀신의 집
3925   3768

11 회전 그네 ○ 범퍼카

12 대관람차 ○ 회전목마

13 귀신의 집 ○ 바이킹

14 범퍼카 ○ 바이킹

15 롤러코스터 ○ 바이킹

16 귀신의 집 ○ 롤러코스터

17 대관람차 ○ 귀신의 집

18 범퍼카 ○ 롤러코스터

● 밑줄 친 숫자가 나타내는 수가 ☁️ 안의 수인 것을 모두 찾아 색칠해 보세요.

1

☁️ 400

2<u>4</u>75	32<u>4</u>8
63<u>4</u>8	7<u>4</u>19

2

☁️ 70

24<u>7</u>1	4<u>7</u>29
<u>7</u>529	81<u>7</u>0

3

☁️ 5000

19<u>5</u>4	4<u>5</u>39
<u>5</u>724	617<u>5</u>

4

☁️ 6

429<u>6</u>	521<u>6</u>
<u>6</u>719	74<u>6</u>8

5

☁️ 90

21<u>9</u>8	54<u>9</u>1
70<u>9</u>2	7<u>9</u>24

6

☁️ 3000

<u>3</u>692	<u>3</u>957
4<u>3</u>61	5<u>3</u>10

7

☁️ 800

59<u>2</u>8	6<u>8</u>07
<u>8</u>425	9<u>8</u>76

8

☁️ 2

405<u>2</u>	60<u>2</u>8
8972	9<u>2</u>06

● 두 수의 크기를 비교하여 ⬭ 안에 더 큰 수를 써넣으세요.

9
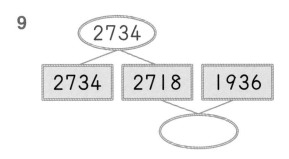

10
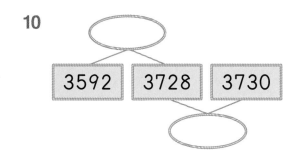

11
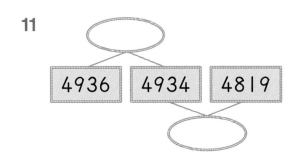

12
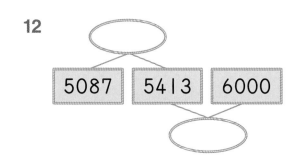

13
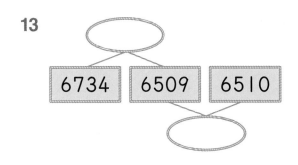

14
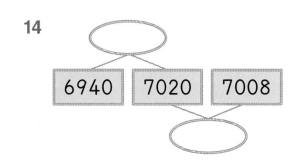

15
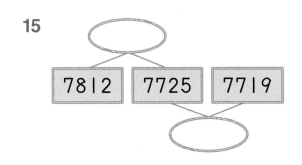

16
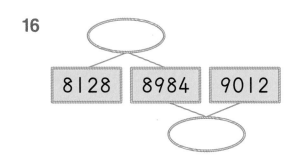

09 집중 연산 ❷

● ☐ 안에 알맞은 수를 써넣으세요.

1　1000이 2개 ┐
　　　100이 7개 ├ 이면 ☐
　　　10이 5개 ┘
　　　1이 4개

2　3218은
　　　1000이 ☐ 개
　　　100이 ☐ 개
　　　10이 ☐ 개
　　　1이 ☐ 개

3　1000이 3개 ┐
　　　100이 0개 ├ 이면 ☐
　　　10이 4개 ┘
　　　1이 7개

4　6042는
　　　1000이 ☐ 개
　　　100이 ☐ 개
　　　10이 ☐ 개
　　　1이 ☐ 개

5　1000이 5개 ┐
　　　100이 9개 ├ 이면 ☐
　　　10이 3개 ┘
　　　1이 4개

6　8209는
　　　1000이 ☐ 개
　　　100이 ☐ 개
　　　10이 ☐ 개
　　　1이 ☐ 개

7　1000이 6개 ┐
　　　100이 8개 ├ 이면 ☐
　　　10이 0개 ┘
　　　1이 2개

8　5360은
　　　1000이 ☐ 개
　　　100이 ☐ 개
　　　10이 ☐ 개
　　　1이 ☐ 개

● 규칙에 따라 뛰어 세어 보세요.

9 [6425]─[6525]─[6625]─[6725]─[   ]─[   ]─[   ]

10 [3340]─[4340]─[5340]─[6340]─[   ]─[   ]─[   ]

11 [5660]─[5670]─[5680]─[   ]─[   ]─[   ]─[   ]

12 [2820]─[2870]─[2920]─[   ]─[   ]─[   ]─[   ]

13 [4206]─[4706]─[5206]─[   ]─[   ]─[   ]─[   ]

● 두 수의 크기를 비교하여 ◯ 안에 >, <를 알맞게 써넣으세요.

14   954 ◯ 1234   15 2001 ◯ 898

     4237 ◯ 5143   1256 ◯ 1290

16 2968 ◯ 2963   17 5963 ◯ 6023

    3472 ◯ 3459   7218 ◯ 7230

18 6375 ◯ 6379   19 2998 ◯ 3018

    7538 ◯ 7398   5985 ◯ 5959

세 자리 수와 두 자리 수의 덧셈

학습내용

- ▶ 받아올림이 없는 (세 자리 수)+(두 자리 수)
- ▶ 받아올림이 있는 (세 자리 수)+(두 자리 수)
- ▶ 길이의 합
- ▶ 몇백몇십으로 만들어 덧셈하기

연산력 게임

스마트폰을 이용하여 QR을 찍으면 재미있는 연산 게임을 할 수 있습니다.

01 받아올림이 없는 (세 자리 수)+(두 자리 수)

✛ 214+32의 계산

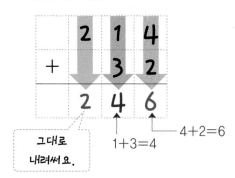

그대로
내려써요.

1+3=4

4+2=6

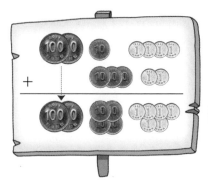

일의 자리 수끼리,
십의 자리 수끼리
더해요.

● 계산해 보세요.

1

	2	3	2
+		2	7

2

	3	2	4
+		5	4

3

		3	5
+	4	4	1

4

	4	3	5
+		6	3

5

	6	5	2
+		2	7

6

		1	8
+	8	7	1

7

	5	3	1
+		4	6

8

	7	4	2
+		5	1

9

		3	5
+	9	3	4

● 계산해 보세요.

10 걀

$327+51$

11 지

$442+46$

12 달

$303+64$

13 김

$415+82$

14 근

$351+46$

15 무

$471+13$

16 당

$361+32$

17 단

$423+53$

18 이

$332+57$

19 오

$361+21$

계산 결과에 해당하는
글자를 써넣어
생각나는 음식에
○표 하세요.

연상퀴즈

367	378		382	389		393	397		476	484	488		497
		,			,			,				,	

02 일의 자리에서 받아올림이 있는 (세 자리 수)+(두 자리 수)

✦ 215+37의 계산

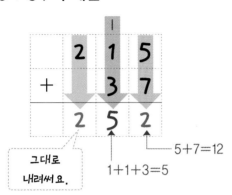

그대로 내려써요.

1+1+3=5

5+7=12

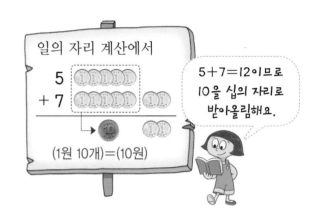

일의 자리 계산에서

5
+7

(1원 10개)=(10원)

5+7=12이므로 10을 십의 자리로 받아올림해요.

● 계산해 보세요.

1
```
    2 2 8
  +   2 5
```

2
```
    4 4 3
  +   4 9
```

3
```
      5 5
  + 3 1 6
```

4
```
    4 6 6
  +   1 7
```

5
```
    5 2 9
  +   4 7
```

6
```
      7 4
  + 7 1 6
```

7
```
    6 1 2
  +   5 9
```

8
```
    7 5 4
  +   1 8
```

9
```
      3 7
  + 9 2 7
```

● 주원이네 농장에서 키우는 동물의 무게입니다. 동물의 무게의 합을 구하세요.

58 kg   435 kg   219 kg   527 kg   47 kg   55 kg   36 kg

┗━ 무게를 나타내는 단위로, '킬로그램'이라고 읽어요.

10

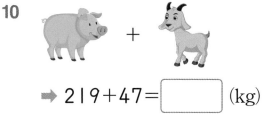

➡ 219+47= ☐ (kg)

11

➡ 435+36= ☐ (kg)

12

➡ _____ (kg)

13

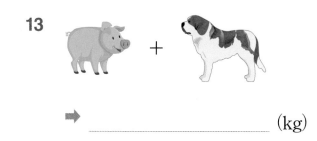

➡ _____ (kg)

14

➡ _____ (kg)

15

➡ _____ (kg)

16

➡ _____ (kg)

17

➡ _____ (kg)

03 십의 자리에서 받아올림이 있는 (세 자리 수)+(두 자리 수)

✤ 284+53의 계산

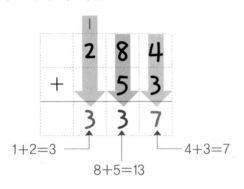

1+2=3
8+5=13
4+3=7

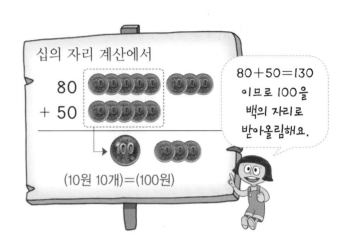

십의 자리 계산에서

80
+ 50

(10원 10개)=(100원)

80+50=130
이므로 100을
백의 자리로
받아올림해요.

● 계산해 보세요.

1
```
    2 4 7
+     8 2
```

2
```
    5 6 5
+     5 3
```

3
```
      7 2
+   3 4 6
```

4
```
    6 7 3
+     4 2
```

5
```
    5 8 5
+     6 1
```

6
```
      4 3
+   7 9 5
```

7
```
    4 6 1
+     4 3
```

8
```
    7 5 2
+     8 2
```

9
```
      7 3
+   8 8 6
```

● 계산해 보세요.

10 가

472+56

11 큰

546+71

12 물

565+63

13 키

442+65

14 장

484+74

15 동

527+91

16 가

453+84

17 은

594+43

계산 결과에 해당하는 글자를 써넣어
만든 문제의 답은 무엇일까요?

507	528	537	558	617	618	628	637

?

04 받아올림이 2번 있는 (세 자리 수)+(두 자리 수)

✚ 248+76의 계산

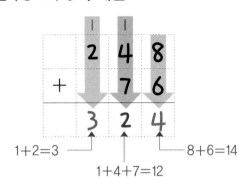

$$1+2=3$$
$$1+4+7=12$$
$$8+6=14$$

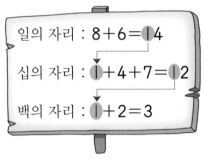

일의 자리 : $8+6=14$

십의 자리 : $1+4+7=12$

백의 자리 : $1+2=3$

248+76=324
가 돼요.

● 계산해 보세요.

1
```
    2 5 6
  +   7 8
```

2
```
    3 8 9
  +   6 4
```

3
```
      4 8
  + 5 8 5
```

4
```
    4 7 4
  +   3 9
```

5
```
    5 6 5
  +   5 8
```

6
```
      9 2
  + 7 2 8
```

7
```
    6 3 7
  +   9 4
```

8
```
    7 3 5
  +   6 5
```

9
```
      7 6
  + 8 2 7
```

● 학교에서 알뜰 시장을 열었습니다. 알뜰 시장에서 산 물건들의 값은 모두 몇 포인트인지 구하세요.

10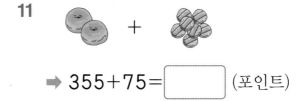

➡ 494+88= ☐ (포인트)

11

➡ 355+75= ☐ (포인트)

12

➡ _____ (포인트)

13

➡ _____ (포인트)

14

➡ _____ (포인트)

15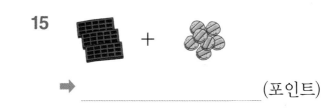

➡ _____ (포인트)

16

➡ _____ (포인트)

17

➡ _____ (포인트)

05 길이의 합

✤ 236 cm＋87 cm의 계산

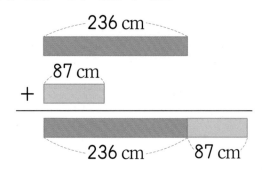

		I	I		
		2	3	6	cm
+			8	7	cm
		3	2	3	cm

236＋87의 계산 결과에 cm를 붙여요.

● 길이의 합을 구하세요.

1

	2	I	5	cm
+		4	3	cm
				cm

2

	6	3	4	cm
+		5	I	cm
				cm

3

		I	7	cm
+	4	6	2	cm
				cm

4

	3	2	8	cm
+		4	7	cm
				cm

5

	5	6	4	cm
+		2	9	cm
				cm

6

		5	6	cm
+	7	9	I	cm
				cm

7

	8	9	2	cm
+		5	3	cm
				cm

8

	4	2	5	cm
+		9	5	cm
				cm

9

		8	8	cm
+	8	7	6	cm
				cm

● 수목원에 있는 나무의 높이를 각각 구하세요.

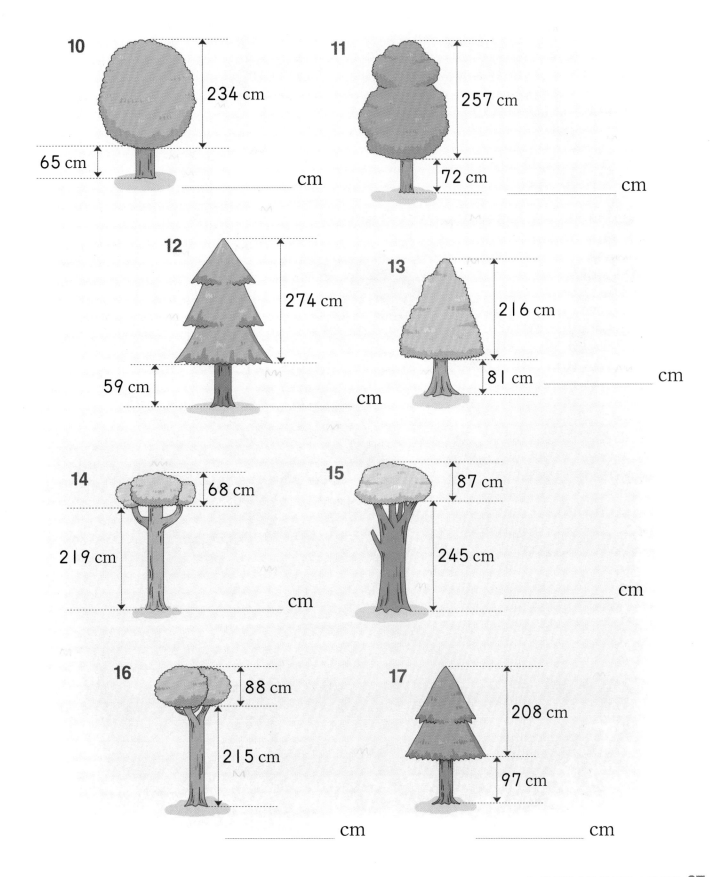

10 234 cm
65 cm
_____ cm

11 257 cm
72 cm
_____ cm

12 274 cm
59 cm
_____ cm

13 216 cm
81 cm
_____ cm

14 68 cm
219 cm
_____ cm

15 87 cm
245 cm
_____ cm

16 88 cm
215 cm
_____ cm

17 208 cm
97 cm
_____ cm

06 몇백몇십으로 만들어 덧셈하기

✛ 239＋25의 계산

$$239 + 25 = 264$$
↓＋1   ↑ －1 ← 계산 결과에서
$$240 + 25 = 265$$ 더한 만큼을 빼요.

더해지는 수를
몇백몇십으로 바꾸면
편리하게 계산할 수 있어요.

● 계산하기 편리하도록 수를 바꾸어 계산해 보세요.

1 269 ＋ 14 = ☐

↓＋1   ↑ －1

270 ＋ 14 = ☐

2 519 ＋ 56 = ☐

↓＋1   ↑ －1

520 ＋ 56 = ☐

3 359 ＋ 32 = ☐

↓＋1   ↑ －1

☐ ＋ 32 = ☐

4 639 ＋ 27 = ☐

↓＋1   ↑ －1

☐ ＋ 27 = ☐

5 728 ＋ 47 = ☐

↓＋2   ↑ －2

☐ ＋ ☐ = ☐

6 478 ＋ 53 = ☐

↓＋2   ↑ －2

☐ ＋ ☐ = ☐

● 혜진이와 친구들이 계산하기 편리하도록 수를 바꾸어 계산하였습니다. ☐ 안에 알맞은 수를 써넣으세요.

7 혜진

$$249 + 83 = \boxed{}$$
$$\downarrow {+1} \qquad \uparrow {-1}$$
$$\boxed{} + 83 = \boxed{}$$

8 민호

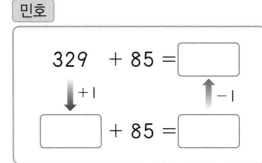

$$329 + 85 = \boxed{}$$
$$\downarrow {+1} \qquad \uparrow {-1}$$
$$\boxed{} + 85 = \boxed{}$$

9 우현

$$259 + 37 = \boxed{}$$
$$\downarrow {+1} \qquad \uparrow {-1}$$
$$\boxed{} + \boxed{} = \boxed{}$$

10 윤하

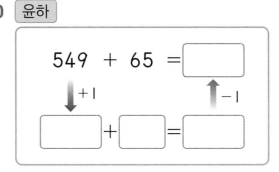

$$549 + 65 = \boxed{}$$
$$\downarrow {+1} \qquad \uparrow {-1}$$
$$\boxed{} + \boxed{} = \boxed{}$$

11 지수

$$498 + 77 = \boxed{}$$
$$\downarrow {+2} \qquad \uparrow {-2}$$
$$\boxed{} + \boxed{} = \boxed{}$$

12 현수

$$678 + 43 = \boxed{}$$
$$\downarrow {+2} \qquad \uparrow {-2}$$
$$\boxed{} + \boxed{} = \boxed{}$$

13 예린

$$578 + 62 = \boxed{}$$
$$\downarrow {+2} \qquad \uparrow {-2}$$
$$\boxed{} + \boxed{} = \boxed{}$$

14 지혁

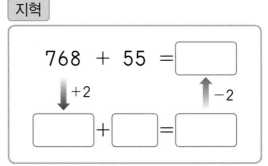

$$768 + 55 = \boxed{}$$
$$\downarrow {+2} \qquad \uparrow {-2}$$
$$\boxed{} + \boxed{} = \boxed{}$$

● 화살표를 따라가며 계산해 보세요.

1
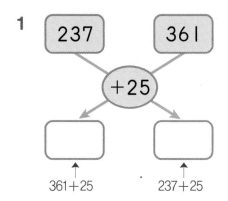

361+25   237+25

2
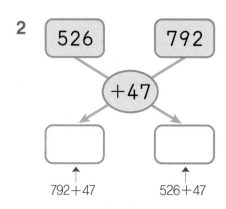

792+47   526+47

3
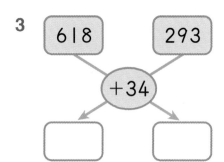

4
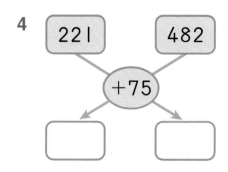

5
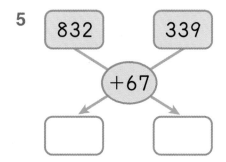

6
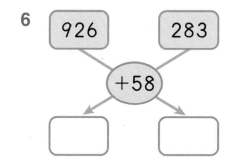

7
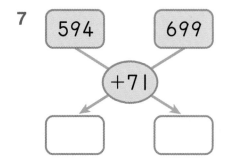

8
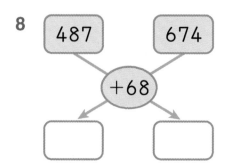

● 선으로 연결된 ▢ 안의 두 수의 합을 구하여 ▢ 안에 써넣으세요.

9

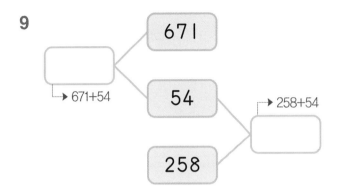

671

54

258

→ 671+54

→ 258+54

10

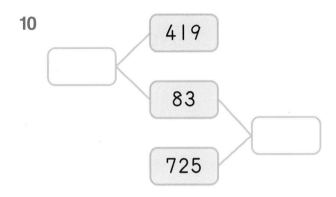

419

83

725

11

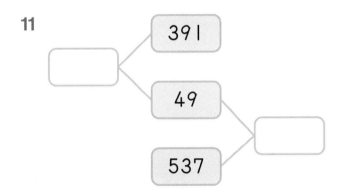

391

49

537

12

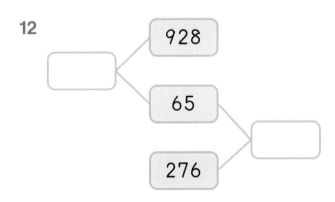

928

65

276

13

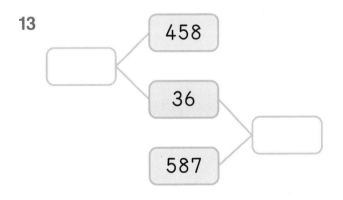

458

36

587

14

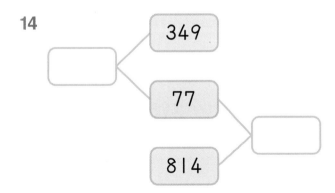

349

77

814

08 집중 연산 ❷

● ▱ 안의 수를 ◇ 안의 수와 더하여 빈칸에 써넣으세요.

1

453	534
		+37

└→ 453+37 └→ 534+37

2

385	829
		+52

3

946	681
		+28

4

764	238
		+43

5

817	352
		+76

6

428	593
		+64

7

726	295
		+45

8

863	674
		+59

● 계산을 하여 빈칸에 알맞은 수를 써넣으세요.

9
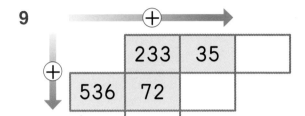

10
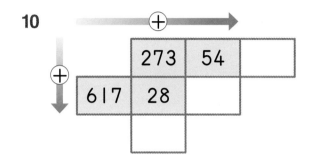

11

12
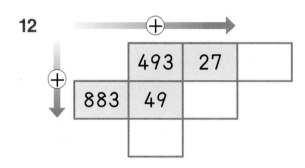

13

14

15
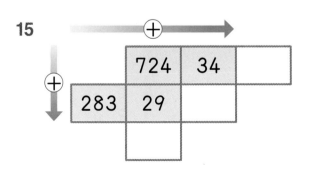

16
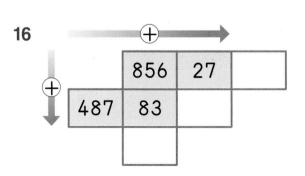

● 계산해 보세요.

1
```
    2 3 7
 +    5 1
```

2
```
    5 5 4
 +    3 9
```

3
```
    7 4 8
 +    1 7
```

4
```
    2 7 3
 +    5 5
```

5
```
    3 6 5
 +    4 8
```

6
```
    6 9 2
 +    7 6
```

7
```
    3 1 7
 +    5 2
```

8
```
    8 7 3
 +    6 2
```

9
```
    5 2 8
 +    3 7
```

10
```
    2 9 3
 +    7 7
```

11
```
    9 3 2
 +    4 5
```

12
```
    6 7 8
 +    7 3
```

13
```
    3 5 3
 +    4 7
```

14
```
    7 9 2
 +    3 8
```

15
```
    8 5 7
 +    9 4
```

16
```
    3 6 4
  +   4 9
```

17
```
    6 1 7
  +   8 5
```

18
```
    4 8 3
  +   5 6
```

19
```
    5 4 6
  +   7 5
```

20
```
    2 7 4
  +   3 3
```

21
```
    7 5 2
  +   6 8
```

22
```
    9 1 8
  +   5 7
```

23
```
    4 6 4
  +   9 8
```

24
```
    6 3 7
  +   4 6
```

25
```
    7 2 3
  +   8 4
```

26
```
    3 5 2
  +   6 3
```

27
```
    8 6 4
  +   7 7
```

28
```
    5 4 8
  +   5 2
```

29
```
    6 7 5
  +   4 7
```

30
```
    4 9 9
  +   2 5
```

10 집중 연산 ❹

● 계산해 보세요.

1 534+52

   926+38

2 647+29

   295+67

3 873+45

   418+72

4 366+85

   743+91

5 457+43

   834+18

6 941+28

   262+59

7 435+67

   568+34

8 392+56

   647+24

9 736+47

   483+75

10 837+58

   276+35

11 549+63

   916+27

12 337+89

   768+83

13 685+46

   372+79

14 443+76

   878+54

15 296+35

   567+63

16 312+44

495+41

17 251+37

587+65

18 351+17

674+31

19 437+37

775+65

20 513+22

892+45

21 662+52

934+48

22 727+51

513+67

23 856+52

275+38

24 935+14

367+52

25 268+16

754+56

26 329+42

883+75

27 476+24

967+28

28 544+24

895+34

29 658+37

287+65

30 868+32

397+56

학습내용

▶ 받아내림이 없는 (세 자리 수)−(두 자리 수)
▶ 받아내림이 있는 (세 자리 수)−(두 자리 수)
▶ 길이의 차
▶ 몇십으로 만들어 뺄셈하기

연산력 게임

스마트폰을 이용하여 QR을 찍으면 재미있는 연산 게임을 할 수 있습니다.

01 받아내림이 없는 (세 자리 수)−(두 자리 수)

✛ 245−32의 계산

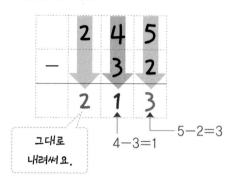

그대로
내려써요.

4−3=1

5−2=3

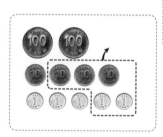

245원에서 32원을
빼면 213원이 남아요.

● 계산해 보세요.

1

```
  2 9 7
−   6 6
───────
```

2

```
  3 4 8
−   3 6
───────
```

3

```
  6 8 4
−   4 1
───────
```

4

```
  3 5 9
−   5 2
───────
```

5

```
  7 9 4
−   8 4
───────
```

6

```
  5 6 7
−   5 5
───────
```

7

```
  4 3 8
−   2 3
───────
```

8

```
  6 8 4
−   4 1
───────
```

9

```
  9 9 9
−   8 7
───────
```

● 어느 가게에 있던 아이스크림의 수입니다. 팔고 남은 아이스크림은 몇 개인지 구하세요.

10 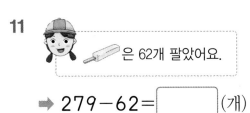은 45개 팔았어요.

➡ $476 - 45 =$ ▢ (개)

11 은 62개 팔았어요.

➡ $279 - 62 =$ ▢ (개)

12 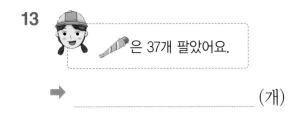은 83개 팔았어요.

➡ _____ (개)

13 은 37개 팔았어요.

➡ _____ (개)

14 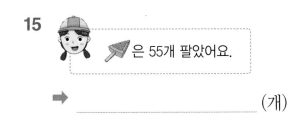은 91개 팔았어요.

➡ _____ (개)

15 은 55개 팔았어요.

➡ _____ (개)

16 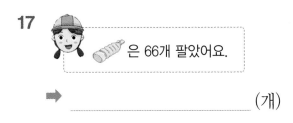은 74개 팔았어요.

➡ _____ (개)

17 은 66개 팔았어요.

➡ _____ (개)

02 십의 자리에서 받아내림이 있는 (세 자리 수)－(두 자리 수)

✛ 231－16의 계산

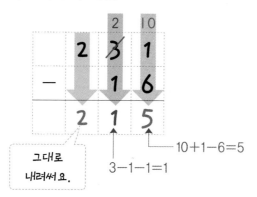

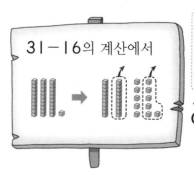

31－16의 계산에서

십 모형 1개를
일 모형 10개로
바꾼 후 계산해요.

그대로
내려써요.

3－1－1＝1

10+1－6＝5

● 계산해 보세요.

1

```
    2 8 3
 －    2 6
```

2

```
    3 5 7
 －    3 9
```

3

```
    5 9 2
 －    4 3
```

4

```
    4 4 2
 －    2 5
```

5

```
    7 7 6
 －    6 8
```

6

```
    6 9 3
 －    3 7
```

7

```
    5 7 4
 －    5 5
```

8

```
    9 8 1
 －    3 4
```

9

```
    8 6 1
 －    5 2
```

● 각각의 밭에 심은 농작물의 수입니다. 뽑고 남은 농작물의 수를 구하세요.

10 심은 무의 수

374개   58개 뽑았어요.

➡ 374−58=☐(개)

11 심은 당근의 수

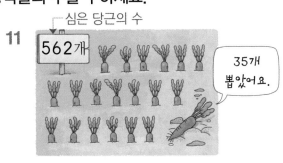

562개   35개 뽑았어요.

➡ 562−35=☐(개)

12

291개   74개 뽑았어요.

➡ _____ (개)

13

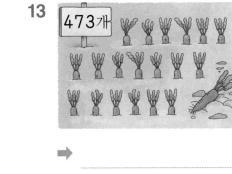

473개   66개 뽑았어요.

➡ _____ (개)

14

657개   49개 뽑았어요.

➡ _____ (개)

15

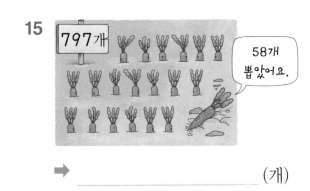

797개   58개 뽑았어요.

➡ _____ (개)

16

285개   47개 뽑았어요.

➡ _____ (개)

17

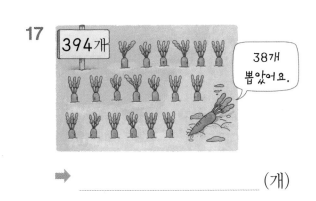

394개   38개 뽑았어요.

➡ _____ (개)

03 백의 자리에서 받아내림이 있는 (세 자리 수)−(두 자리 수)

✢ 215−62의 계산

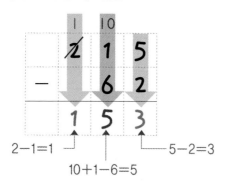

2−1=1

10+1−6=5

5−2=3

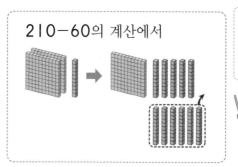

210−60의 계산에서

백 모형 1개를
십 모형 10개로
바꾸어 계산해요.

● 계산해 보세요.

1
```
    2  5  8
 −     7  3
```

2
```
    3  2  7
 −     6  5
```

3
```
    6  6  8
 −     9  1
```

4
```
    4  1  9
 −     3  6
```

5
```
    8  8  5
 −     9  5
```

6
```
    5  3  6
 −     7  5
```

7
```
    6  0  8
 −     2  5
```

8
```
    7  4  4
 −     8  3
```

9
```
    9  2  5
 −     5  2
```

● 계산해 보세요.

10 달
416-84

11 장
309-37

12 새
443-71

13 리
404-52

14 가
337-75

15 는
428-66

16 는
476-94

17 빨
375-93

18 리
348-56

계산 결과에 해당하는
글자를 써넣어 만든
문제의 답은 무엇일까요?

262	272		282	292		332	352	362		372	382
											?

04 받아내림이 2번 있는 (세 자리 수)－(두 자리 수)

✤ 231－68의 계산

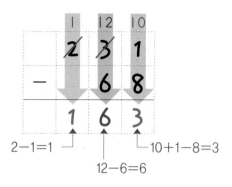

2－1=1 ┘
12－6=6
└10+1－8=3

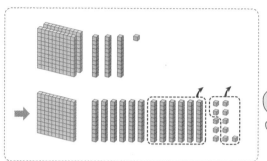

231－68
=163이에요.

● 계산해 보세요.

1

```
    2 5 1
  －   7 3
  ─────────
```

2

```
    3 2 6
  －   4 9
  ─────────
```

3

```
    6 6 5
  －   7 8
  ─────────
```

4

```
    4 1 3
  －   6 5
  ─────────
```

5

```
    7 7 2
  －   9 5
  ─────────
```

6

```
    5 0 1
  －   3 2
  ─────────
```

7

```
    6 4 0
  －   5 9
  ─────────
```

8

```
    8 7 0
  －   8 1
  ─────────
```

9

```
    9 3 0
  －   7 3
  ─────────
```

10 계산 결과를 따라가며 선을 그어 보세요.

05 (몇백)−(두 자리 수)

✤ 300−47의 계산

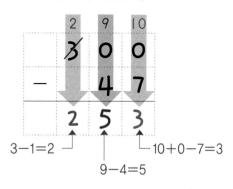

$3-1=2$
$9-4=5$
$10+0-7=3$

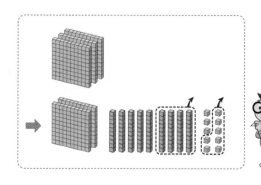

백 모형 1개를
십 모형 9개,
일 모형 10개로
바꾼 다음 빼요.

● 계산해 보세요.

1
```
    2 0 0
  −   2 4
```

2
```
    6 0 0
  −   6 7
```

3
```
    4 0 0
  −   3 6
```

4
```
    3 0 0
  −   4 7
```

5
```
    5 0 0
  −   9 5
```

6
```
    7 0 0
  −   7 1
```

7
```
    6 0 0
  −   5 5
```

8
```
    8 0 0
  −   8 2
```

9
```
    9 0 0
  −   9 4
```

● 용준이가 음료수를 사서 마시고 남은 양입니다. 마신 음료수의 양을 구하세요.

10

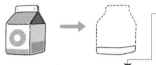

200 mL   47 mL

주전자나 물병과 같은
그릇 안쪽 공간에 들어가는
양을 재는 단위로
'밀리리터'라고 읽어요.

➡ 200−47= [   ] (mL)

11

300 mL   45 mL

➡ 300−45= [   ] (mL)

12

500 mL   62 mL

➡ _____ (mL)

13

400 mL   73 mL

➡ _____ (mL)

14

200 mL   91 mL

➡ _____ (mL)

15

300 mL   64 mL

➡ _____ (mL)

16

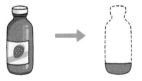

700 mL   89 mL

➡ _____ (mL)

17

400 mL   96 mL

➡ _____ (mL)

06 길이의 차

✤ 213 cm−86 cm의 계산

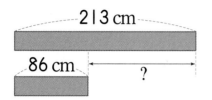

	1	10	10	
	2̶	1̶	3	cm
−		8	6	cm
	1	2	7	cm

213−86의
계산 결과에
cm를 붙여요.

● 길이의 차를 구하세요.

1

	2	7	5	cm
−		4	1	cm
				cm

2

	3	4	9	cm
−		6	3	cm
				cm

3

	6	8	2	cm
−		7	4	cm
				cm

4

	4	1	3	cm
−		5	6	cm
				cm

5

	8	8	6	cm
−		3	5	cm
				cm

6

	5	1	8	cm
−		8	3	cm
				cm

7

	7	9	4	cm
−		7	7	cm
				cm

8

	6	2	5	cm
−		9	8	cm
				cm

9

	9	5	4	cm
−		8	7	cm
				cm

● 리본 테이프를 사용하여 선물 상자를 포장하였습니다. 사용하고 남은 리본 테이프의 길이는 몇 cm인지 구하세요.

10

294 cm   81 cm

294 cm − 81 cm = [   ] cm

11

328 cm   96 cm

328 cm − 96 cm = [   ] cm

12

351 cm   78 cm

[   ] cm − [   ] cm = [   ] cm

13

436 cm   62 cm

[   ] cm − [   ] cm = [   ] cm

14

465 cm   98 cm

[   ] cm − [   ] cm = [   ] cm

15

521 cm   87 cm

[   ] cm − [   ] cm = [   ] cm

16

593 cm   79 cm

[   ] cm − [   ] cm = [   ] cm

17

624 cm   69 cm

[   ] cm − [   ] cm = [   ] cm

07 몇십으로 만들어 뺄셈하기

✤ 214-39의 계산

$$214 - 39 = 175$$

↓+1 ↑+1 ← 계산 결과에서
더 뺀 만큼을
더해요.

$$214 - 40 = 174$$

빼는 수를 몇십으로
바꾸면 편리하게
계산할 수 있어요.

● 계산하기 편리하도록 수를 바꾸어 계산해 보세요.

1 345 − 69 = ☐

↓+1 ↑+1

345 − 70 = ☐

2 392 − 49 = ☐

↓+1 ↑+1

392 − 50 = ☐

3 426 − 59 = ☐

↓+1 ↑+1

426 − ☐ = ☐

4 583 − 89 = ☐

↓+1 ↑+1

583 − ☐ = ☐

5 613 − 48 = ☐

↓+2 ↑+2

613 − ☐ = ☐

6 721 − 68 = ☐

↓+2 ↑+2

721 − ☐ = ☐

● 혜진이와 친구들이 계산하기 편리하도록 수를 바꾸어 계산하였습니다. ☐ 안에 알맞은 수를 써넣으세요.

7 혜진

453 − 39 = ☐

453 − ☐ = ☐   +1 +1

8 민호

470 − 59 = ☐

470 − ☐ = ☐   +1 +1

9 예린

538 − 79 = ☐

☐ − ☐ = ☐   +1 +1

10 지훈

520 − 49 = ☐

☐ − ☐ = ☐   +1 +1

11 준영

643 − 68 = ☐

☐ − ☐ = ☐   +2 +2

12 주하

743 − 88 = ☐

☐ − ☐ = ☐   +2 +2

13 민주

253 − 28 = ☐

☐ − ☐ = ☐   +2 +2

14 우현

827 − 58 = ☐

☐ − ☐ = ☐   +2 +2

08 집중 연산 ①

● 화살표를 따라가며 계산해 보세요.

1

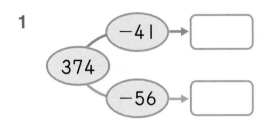

2

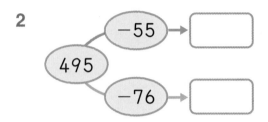

3

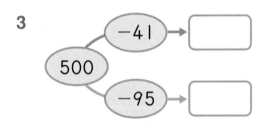

4

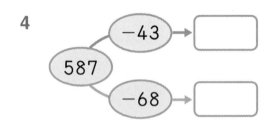

5

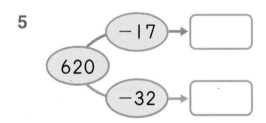

6

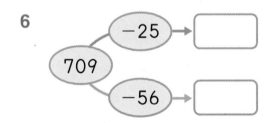

7

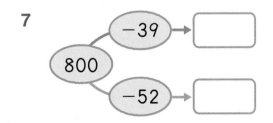

8

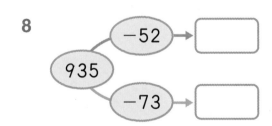

9
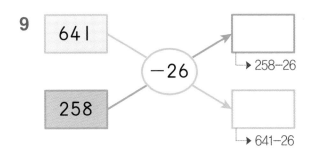
641 258 −26
→ 258−26
→ 641−26

10
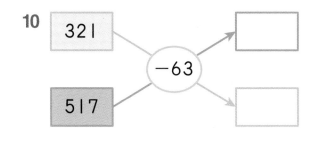
321 517 −63

11
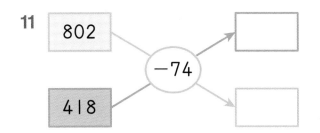
802 418 −74

12
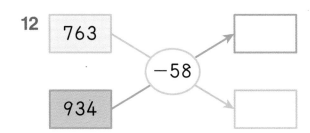
763 934 −58

13
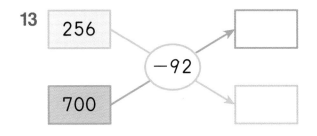
256 700 −92

14
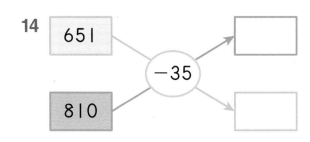
651 810 −35

15
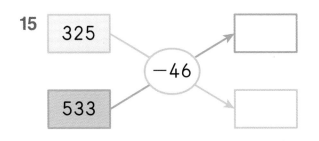
325 533 −46

16
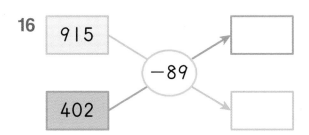
915 402 −89

09 집중 연산 ❷

● 보기 와 같이 계산해 보세요.

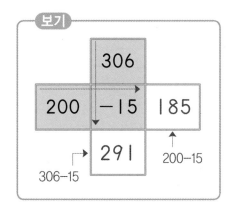

1
```
      573
215  −46
```

2
```
      409
728  −73
```

3
```
      842
386  −99
```

4
```
      651
978  −34
```

5
```
      334
562  −58
```

6
```
      271
758  −65
```

7
```
      814
425  −27
```

8
```
      936
357  −82
```

9
```
      682
836  −47
```

10
```
      519
947  −94
```

11
```
      746
283  −35
```

● 선으로 연결된 두 수의 차를 ☐ 안에 알맞게 써넣으세요.

12
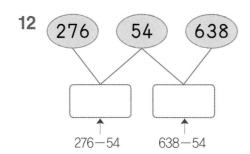

276−54   638−54

13
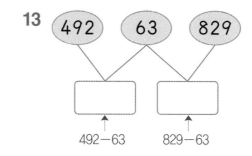

492−63   829−63

14
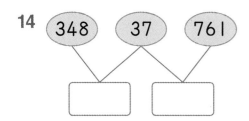

15
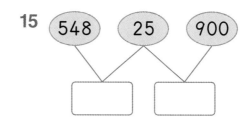

16
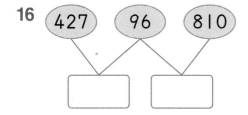

17
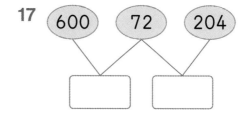

18
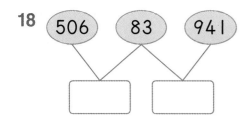

19
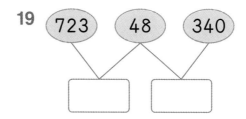

10 집중 연산 ❸

● 계산해 보세요.

1
```
   2 3 7
 −   2 5
```

2
```
   5 7 4
 −   3 9
```

3
```
   7 4 2
 −   2 7
```

4
```
   3 8 9
 −   4 3
```

5
```
   4 2 0
 −   4 7
```

6
```
   8 5 2
 −   7 6
```

7
```
   5 0 0
 −   4 2
```

8
```
   7 7 1
 −   7 9
```

9
```
   9 0 4
 −   3 7
```

10
```
   6 9 3
 −   3 5
```

11
```
   7 0 0
 −   4 5
```

12
```
   4 7 1
 −   7 3
```

13
```
   8 3 0
 −   6 2
```

14
```
   2 0 2
 −   2 5
```

15
```
   9 5 2
 −   8 4
```

16
```
  4 1 6
-   5 7
```

17
```
  8 7 3
-   3 6
```

18
```
  3 5 2
-   7 8
```

19
```
  9 2 8
-   6 4
```

20
```
  5 6 4
-   8 8
```

21
```
  7 4 3
-   9 5
```

22
```
  6 8 7
-   9 3
```

23
```
  2 5 1
-   7 2
```

24
```
  8 2 5
-   4 7
```

25
```
  3 4 6
-   8 9
```

26
```
  9 7 3
-   5 5
```

27
```
  5 1 4
-   6 2
```

28
```
  7 6 2
-   3 4
```

29
```
  8 6 5
-   6 7
```

30
```
  4 9 1
-   9 6
```

● 계산해 보세요.

1 637−25
    841−79

2 563−47
    275−68

3 986−54
    492−85

4 900−63
    932−57

5 324−76
    658−39

6 743−28
    265−67

7 396−98
    879−82

8 917−45
    556−64

9 482−56
    235−38

10 293−49
    746−63

11 628−29
    472−86

12 519−72
    377−58

13 425−36
    984−76

14 853−27
    500−54

15 781−59
    634−37

16 265−32

493−45

17 357−34

572−65

18 751−29

280−31

19 407−31

882−65

20 513−25

992−45

21 662−52

294−48

22 727−51

353−57

23 800−32

472−85

24 953−44

657−72

25 503−16

654−56

26 420−42

783−75

27 346−24

882−38

28 240−24

995−97

29 600−37

679−81

30 923−35

470−73

학습내용

▶ 시각 알아보기

▶ 시간 구하기

▶ 하루의 시간

▶ 1주일, 1년

01 시각 알아보기

✢ 시각 알아보기

시계가 나타내는 시각은 2시 20분 이에요.

- 짧은바늘 : 숫자 **2**와 **3** 사이 ➡ **2**시
- 긴바늘 : 숫자 **4** ➡ **20**분

✢ 몇 시 몇 분 전 알아보기

| 2시 50분 | 3시 |

2시 50분을 3시 **I0**분 전이라고 합니다.
➥ 3시가 되려면 10분이 더 지나야 해요.

● 시각을 읽어 보세요.

1

5시 [   ]분

2

2시 [   ]분 전

3

[   ]시 [   ]분

4

[   ]시 [   ]분 전

5

[   ]시 [   ]분

6

[   ]시 [   ]분 전

● 동물들의 먹이를 주는 시각입니다. 몇 시 몇 분 전으로 나타내 보세요.

7

10시 50분

[ ]시 [ ]분 전

8

1시 55분

[ ]시 [ ]분 전

9

3시 50분

[ ]시 [ ]분 전

10

4시 55분

[ ]시 [ ]분 전

11

11시 40분

[ ]시 [ ]분 전

12

2시 45분

[ ]시 [ ]분 전

13

5시 40분

[ ]시 [ ]분 전

14

9시 45분

[ ]시 [ ]분 전

02 시간 구하기

✚ **1시간 20분을 몇 분으로 나타내기**

1시간 20분=60분＋20분

=80분

1시간＝60분

✚ **130분을 몇 시간 몇 분으로 나타내기**

130분=60분＋60분＋10분

=2시간＋10분

=2시간 10분

● ☐ 안에 알맞은 수를 써넣으세요.

1 1시간 40분=60분＋40분

=☐분

2 75분=60분＋15분

=1시간☐분

3 2시간 25분=☐분＋25분

=☐분

4 200분=☐분＋20분

=☐시간 20분

5 3시간 10분=☐분

6 165분=☐시간☐분

7 4시간 25분=☐분

8 240분=☐시간

9 5시간=☐분

10 315분=☐시간☐분

● 민하가 일주일 동안 한 일입니다. ☐ 안에 알맞은 수를 써넣으세요.

11

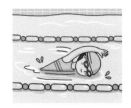

2시간 30분 = ☐ 분

12

210분 = ☐ 시간 ☐ 분

13

4시간 50분 = ☐ 분

14

255분 = ☐ 시간 ☐ 분

15

3시간 55분 = ☐ 분

16

360분 = ☐ 시간

17

5시간 5분 = ☐ 분

18

345분 = ☐ 시간 ☐ 분

03 하루의 시간

✛ **I일 8시간을 몇 시간으로 나타내기**

I일 8시간=24시간+8시간

=32시간

✛ **40시간을 며칠 몇 시간으로 나타내기**

40시간=24시간+I6시간

=I일+I6시간

=I일 I6시간

I일 = 24시간

● ☐ 안에 알맞은 수를 써넣으세요.

1 I일 I0시간=24시간+I0시간

=☐시간

2 30시간=24시간+6시간

=I일 ☐시간

3 I일 I5시간=☐시간+I5시간

=☐시간

4 42시간=☐시간+I8시간

=☐일 I8시간

5 2일 2시간=☐시간

6 53시간=☐일 ☐시간

7 2일 20시간=☐시간

8 65시간=☐일 ☐시간

9 3일=☐시간

10 96시간=☐일

● 바르게 나타낸 사람은 ○표, 잘못 나타낸 사람은 ✕표 하세요.

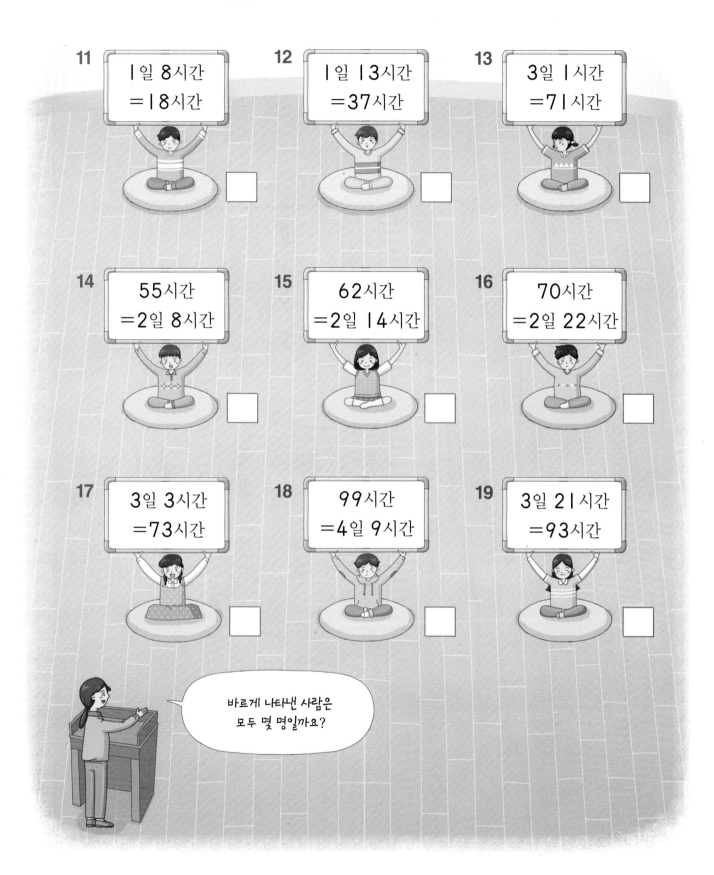

11 Ⅰ일 8시간
    =Ⅰ8시간

12 Ⅰ일 Ⅰ3시간
    =37시간

13 3일 Ⅰ시간
    =7Ⅰ시간

14 55시간
    =2일 8시간

15 62시간
    =2일 Ⅰ4시간

16 70시간
    =2일 22시간

17 3일 3시간
    =73시간

18 99시간
    =4일 9시간

19 3일 2Ⅰ시간
    =93시간

바르게 나타낸 사람은
모두 몇 명일까요?

04 1주일, 1년

✚ 1주일

· 2주일 1일＝7일＋7일＋1일

　　　　　＝15일

· 20일＝7일＋7일＋6일

　　　　＝2주일 6일

 1주일 ＝ 7일

✚ 1년

· 2년 4개월＝12개월＋12개월＋4개월

　　　　　＝28개월

· 20개월＝12개월＋8개월

　　　　＝1년 8개월

 1년 ＝ 12개월

● ☐ 안에 알맞은 수를 써넣으세요.

1　1주일 5일＝7일＋5일

　　　　＝ ☐ 일

2　1년 3개월＝12개월＋3개월

　　　　＝ ☐ 개월

3　3주일 4일＝ ☐ 일

4　2년 11개월＝ ☐ 개월

5　23일＝21일＋2일

　　　＝ ☐ 주일 2일

6　30개월＝24개월＋6개월

　　　＝ ☐ 년 ☐ 개월

7　31일＝ ☐ 주일 ☐ 일

8　38개월＝ ☐ 년 ☐ 개월

9　40일＝ ☐ 주일 ☐ 일

10　45개월＝ ☐ 년 ☐ 개월

● [보기] 와 같이 서로 관계있는 것끼리 선으로 이어 보세요.

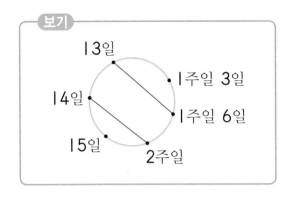

11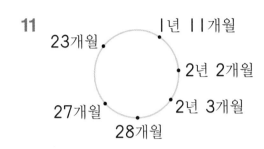

12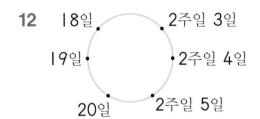

13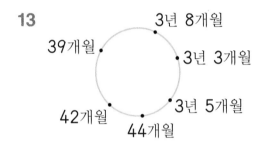

14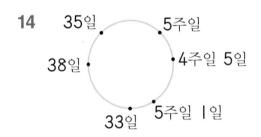

15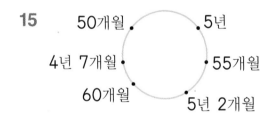

16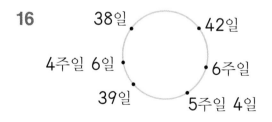

17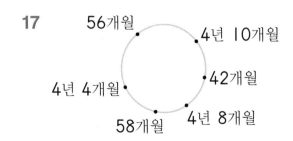

● ☐ 안에 알맞은 수를 써넣으세요.

1

1시간 50분 ➡ | 110 |분

3시간 5분 ➡ ☐ 분

2

2시간 35분 ➡ ☐ 분

4시간 20분 ➡ ☐ 분

3

2일 9시간 ➡ ☐ 시간

3일 5시간 ➡ ☐ 시간

4

3일 18시간 ➡ ☐ 시간

4일 1시간 ➡ ☐ 시간

5

3주일 5일 ➡ ☐ 일

5주일 6일 ➡ ☐ 일

6

4주일 1일 ➡ ☐ 일

6주일 3일 ➡ ☐ 일

7

2년 2개월 ➡ ☐ 개월

4년 6개월 ➡ ☐ 개월

8

2년 10개월 ➡ ☐ 개월

5년 1개월 ➡ ☐ 개월

● 보기 와 같이 ◻ 안에 알맞은 수를 써넣으세요.

보기

85분
↓
| 1 |시간| 25 |분|

9

135분
↓
◻시간 ◻분

10

220분
↓
◻시간 ◻분

11

60시간
↓
◻일 ◻시간

12

67시간
↓
◻일 ◻시간

13

80시간
↓
◻일 ◻시간

14

32일
↓
◻주일 ◻일

15

43일
↓
◻주일 ◻일

16

50일
↓
◻주일 ◻일

17

46개월
↓
◻년 ◻개월

18

57개월
↓
◻년 ◻개월

19

68개월
↓
◻년 ◻개월

● □ 안에 알맞은 수를 써넣으세요.

1 1시간 28분 = □ 분

3시간 45분 = □ 분

2 205분 = □ 시간 □ 분

280분 = □ 시간 □ 분

3 2시간 55분 = □ 분

4시간 30분 = □ 분

4 215분 = □ 시간 □ 분

320분 = □ 시간 □ 분

5 4시간 5분 = □ 분

4시간 55분 = □ 분

6 238분 = □ 시간 □ 분

325분 = □ 시간 □ 분

7 1일 20시간 = □ 시간

3일 6시간 = □ 시간

8 47시간 = □ 일 □ 시간

86시간 = □ 일 □ 시간

9 2일 15시간 = □ 시간

4일 4시간 = □ 시간

10 52시간 = □ 일 □ 시간

74시간 = □ 일 □ 시간

11 1일 9시간 = □ 시간

3일 13시간 = □ 시간

12 59시간 = □ 일 □ 시간

79시간 = □ 일 □ 시간

13 3주일 1일 = $\boxed{}$ 일

  5주일 2일 = $\boxed{}$ 일

14 27일 = $\boxed{}$ 주일 $\boxed{}$ 일

  44일 = $\boxed{}$ 주일 $\boxed{}$ 일

15 4주일 2일 = $\boxed{}$ 일

  6주일 5일 = $\boxed{}$ 일

16 36일 = $\boxed{}$ 주일 $\boxed{}$ 일

  54일 = $\boxed{}$ 주일 $\boxed{}$ 일

17 4주일 6일 = $\boxed{}$ 일

  7주일 2일 = $\boxed{}$ 일

18 46일 = $\boxed{}$ 주일 $\boxed{}$ 일

  59일 = $\boxed{}$ 주일 $\boxed{}$ 일

19 2년 8개월 = $\boxed{}$ 개월

  5년 5개월 = $\boxed{}$ 개월

20 47개월 = $\boxed{}$ 년 $\boxed{}$ 개월

  67개월 = $\boxed{}$ 년 $\boxed{}$ 개월

21 3년 6개월 = $\boxed{}$ 개월

  6년 4개월 = $\boxed{}$ 개월

22 37개월 = $\boxed{}$ 년 $\boxed{}$ 개월

  52개월 = $\boxed{}$ 년 $\boxed{}$ 개월

23 4년 11개월 = $\boxed{}$ 개월

  5년 10개월 = $\boxed{}$ 개월

24 25개월 = $\boxed{}$ 년 $\boxed{}$ 개월

  53개월 = $\boxed{}$ 년 $\boxed{}$ 개월

$$\begin{array}{rr} 2\text{시} & 10\text{분} \\ +\ 1\text{시간} & 25\text{분} \\ \hline 3\text{시} & 35\text{분} \end{array}$$

학습내용

▶ (시각) + (시간)
▶ (시간) + (시간)
▶ (시각) − (시각)
▶ (시각) − (시간)
▶ (시간) − (시간)

01 (시각)＋(시간)

✤ 3시 10분＋1시간 30분의 계산

시는 시끼리,
분은 분끼리
더해요.

	3시	10분
＋	1시간	30분
	4시	40분

3+1=4   10+30=40

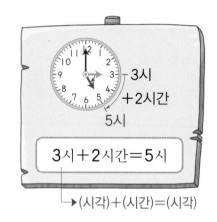

3시＋2시간＝5시

→ (시각)＋(시간)＝(시각)

● 계산해 보세요.

1

	1시	20분
＋	2시간	10분
	시	분

2

	2시	10분
＋	4시간	40분
	시	분

3

	3시	25분
＋	1시간	20분
	시	분

4

	4시	35분
＋	3시간	20분
	시	분

5

	5시	25분
＋	2시간	25분
	시	분

6

	6시	17분
＋	1시간	23분
	시	분

7

	8시	16분
＋	3시간	37분
	시	분

8

	5시	28분
＋	4시간	28분
	시	분

9

	6시	8분
＋	5시간	37분
	시	분

● 영화가 상영되는 시각입니다. 친구들이 영화를 보았을 때 영화가 끝나는 시각을 구하세요.

상영 시간		
여름왕국(2시간 17분)	**앵그리치킨**(3시간 5분)	**아이엠맨**(3시간 26분)
1회 9:20	8:15	8:20
2회 1:40	1:50	1:05
3회 5:38	6:31	5:26

10

┌─9시 20분＋2시간 17분

여름왕국 1회를 봤어요.

___시 ___분

11

┌─1시 50분＋3시간 5분

앵그리치킨 2회를 봤어요.

___시 ___분

12

아이엠맨 3회를 봤어요.

___시 ___분

13

여름왕국 3회를 봤어요.

___시 ___분

14

앵그리치킨 1회를 봤어요.

___시 ___분

15

아이엠맨 2회를 봤어요.

___시 ___분

16

앵그리치킨 3회를 봤어요.

___시 ___분

17

여름왕국 2회를 봤어요.

___시 ___분

02 (시간)+(시간)

✤ |시간 20분+2시간 30분의 계산

시간은 시간끼리,
분은 분끼리 더해요.

	1시간	20분
+	2시간	30분
	3시간	50분

1+2=3   20+30=50

(시간)+(시간)=(시간)
이에요.

● 계산해 보세요.

1

	|시간	20분
+	3시간	30분
	시간	분

2

	2시간	|0분
+	|시간	|0분
	시간	분

3

	3시간	30분
+	2시간	|5분
	시간	분

4

	4시간	25분
+	3시간	30분
	시간	분

5

	5시간	|5분
+	2시간	25분
	시간	분

6

	4시간	45분
+	|시간	5분
	시간	분

7

	3시간	35분
+	3시간	|6분
	시간	분

8

	2시간	28분
+	5시간	|5분
	시간	분

9

	|시간	2|분
+	6시간	29분
	시간	분

● 민준이네 가족이 제주 올레길을 걸었을 때 걸린 시간입니다. 걸린 시간의 합을 구하세요.

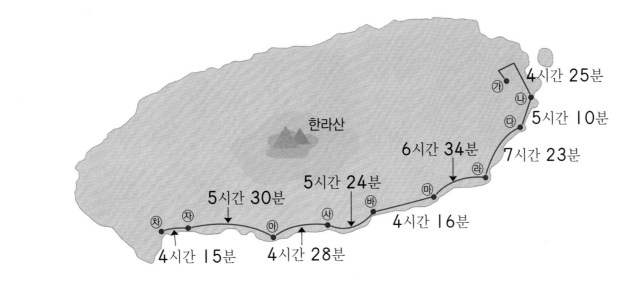

10 ┌─4시간 25분＋5시간 10분
        ⑦ ～ ⓝ ～ ⓓ

         시간   분

11 ┌─5시간 10분＋7시간 23분
        ⓝ ～ ⓓ ～ ⓡ

         시간   분

12 ⓓ ～ ⓡ ～ ⓜ

         시간   분

13 ⓡ ～ ⓜ ～ ⓑ

         시간   분

14 ⓜ ～ ⓑ ～ ⓢ

         시간   분

15 ⓑ ～ ⓢ ～ ⓞ

         시간   분

16 ⓢ ～ ⓞ ～ ⓙ

         시간   분

17 ⓞ ～ ⓙ ～ ⓒ

         시간   분

03 (시각)−(시각)

✚ 3시 40분−2시 20분의 계산

시는 시끼리, 분은 분끼리 빼요.

	3시	40분
−	2시	20분
	1시간	20분

3−2=1   40−20=20

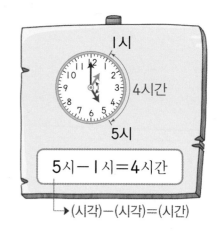

1시
4시간
5시

5시−1시=4시간

→ (시각)−(시각)=(시간)

● 계산해 보세요.

1
	3시	50분
−	1시	30분
	시간	분

2
	6시	40분
−	5시	30분
	시간	분

3
	5시	45분
−	2시	30분
	시간	분

4
	7시	55분
−	2시	40분
	시간	분

5
	6시	40분
−	2시	15분
	시간	분

6
	4시	30분
−	1시	25분
	시간	분

7
	5시	26분
−	2시	9분
	시간	분

8
	7시	51분
−	4시	35분
	시간	분

9
	8시	43분
−	6시	29분
	시간	분

● 주원이의 방학 중 생활계획표입니다. 주원이가 활동한 시간을 구하세요.

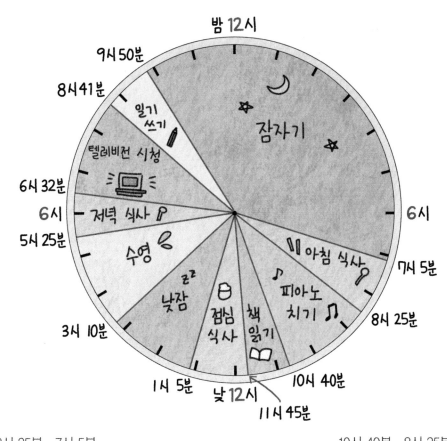

┌ 8시 25분 − 7시 5분
10 [아침 식사]   시간   분

┌ 10시 40분 − 8시 25분
11 [피아노 치기]   시간   분

12 [책 읽기]   시간   분

13 [낮잠]   시간   분

14 [수영]   시간   분

15 [저녁 식사]   시간   분

16 [텔레비전 시청]   시간   분

17 [일기 쓰기]   시간   분

04 (시각)−(시간)

✦ 5시 30분−1시간 20분의 계산

시는 시끼리,
분은 분끼리
빼요.

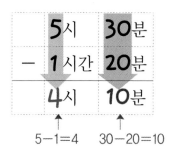

	5시	30분
−	1시간	20분
	4시	10분

5−1=4   30−20=10

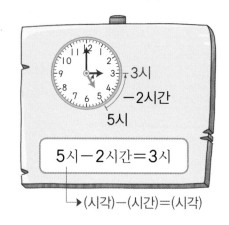

3시
2시간
5시

5시−2시간=3시

→ (시각)−(시간)=(시각)

● 계산해 보세요.

1

	2시	50분
−	1시간	10분
	시	분

2

	3시	40분
−	1시간	30분
	시	분

3

	4시	15분
−	2시간	10분
	시	분

4

	5시	45분
−	2시간	20분
	시	분

5

	6시	50분
−	3시간	15분
	시	분

6

	7시	20분
−	3시간	5분
	시	분

7

	6시	42분
−	1시간	17분
	시	분

8

	5시	52분
−	4시간	36분
	시	분

9

	8시	38분
−	3시간	19분
	시	분

● 서울에서 목포까지 가는 데 걸리는 시간이 각각 다음과 같을 때 출발 시각을 구하세요.

[서울 ~ 목포까지 걸리는 시간]

2시간 34분   5시간 17분   4시간 25분   6시간 22분

10  8시 49분 도착

시   분

11 10시 47분 도착

시   분

12  11시 48분 도착

시   분

13 7시 39분 도착

시   분

14  7시 52분 도착

시   분

15 9시 53분 도착

시   분

16  10시 40분 도착

시   분

17 11시 42분 도착

시   분

05 (시간)−(시간)

✚ 3시간 40분−1시간 30분의 계산

 시간은 시간끼리,
분은 분끼리 빼요.

3시간	**40**분
− **1**시간	**30**분
2시간	**10**분

3−1=2   40−30=10

 (시간)−(시간)=(시간)
이에요.

● 계산해 보세요.

1

2시간	50분
− 1시간	10분
시간	분

2

3시간	30분
− 1시간	20분
시간	분

3

4시간	25분
− 2시간	5분
시간	분

4

5시간	55분
− 1시간	15분
시간	분

5

6시간	40분
− 2시간	15분
시간	분

6

7시간	50분
− 4시간	5분
시간	분

7

6시간	54분
− 5시간	7분
시간	분

8

5시간	25분
− 3시간	19분
시간	분

9

8시간	41분
− 2시간	24분
시간	분

● 도시 사이를 자동차로 이동하는데 걸리는 시간입니다. 시간의 차를 구하세요.

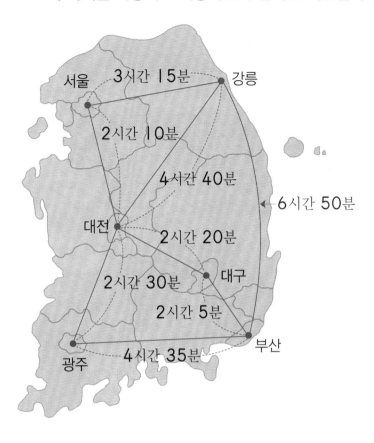

10 →3시간 15분 [서울~강릉] − →2시간 10분 [서울~대전]

시간   분

11 [강릉~부산] − [강릉~대전]

시간   분

12 [부산~강릉] − [부산~광주]

시간   분

13 [대전~강릉] − [대전~대구]

시간   분

14 [부산~광주] − [부산~대구]

시간   분

15 [강릉~부산] − [강릉~서울]

시간   분

16 [대전~강릉] − [대전~광주]

시간   분

06 집중 연산 ❶

● 계산해 보세요.

1

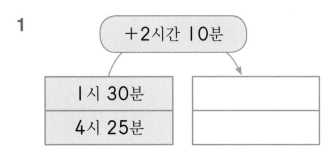

2

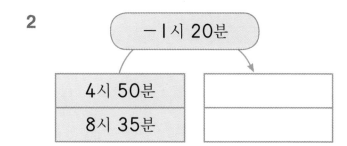

3

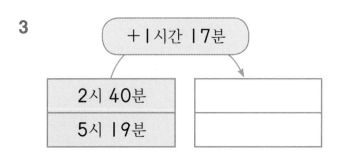

4

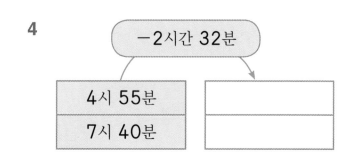

5

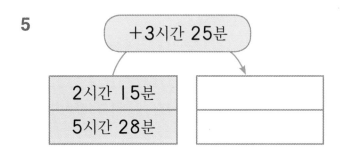

6

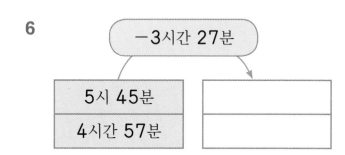

7

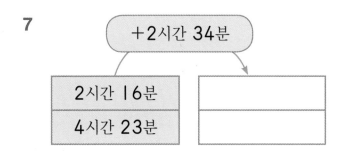

8

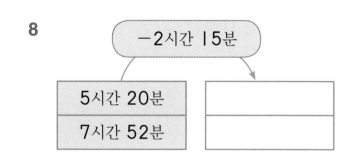

● 계산해 보세요.

9 | 2시 20분 (+) 35분

10 | 4시 43분 (−) 1시 10분

11 | 5시 25분 (+) 1시간 17분

12 | 7시 40분 (−) 2시 35분

13 | 4시 14분 (+) 2시간 38분

14 | 4시 50분 (−) 17분

15 | 3시간 30분 (+) 2시간 14분

16 | 8시 20분 (−) 3시간 5분

17 | 6시간 25분 (+) 1시간 32분

18 | 5시간 32분 (−) 2시간 15분

19 | 2시간 23분 (+) 4시간 28분

20 | 7시간 45분 (−) 4시간 38분

● 계산해 보세요.

1
```
    3시    20분
+  1시간  35분
    시        분
```

2
```
    2시    15분
+  4시간  15분
    시        분
```

3
```
    5시    27분
+  2시간  29분
    시        분
```

4
```
    1시간  20분
+  4시간  25분
    시간      분
```

5
```
    3시간   5분
+  3시간  35분
    시간      분
```

6
```
    5시간  23분
+  2시간  27분
    시간      분
```

7
```
    7시    50분
−  1시    15분
    시간      분
```

8
```
    6시    42분
−  4시    25분
    시간      분
```

9
```
    9시    50분
−  6시    32분
    시간      분
```

10
```
    4시    40분
−  1시간   5분
    시        분
```

11
```
    5시    40분
−  3시간  35분
    시        분
```

12
```
    7시    20분
−  4시간   7분
    시        분
```

13
```
    3시간  37분
−  2시간  29분
    시간      분
```

14
```
    7시간  45분
−  2시간  19분
    시간      분
```

15
```
    8시간  42분
−  6시간  25분
    시간      분
```

16 2시 40분+15분

17 3시 13분+3시간 29분

18 1시 25분+6시간 17분

19 4시간 25분+1시간 5분

20 3시간 32분+4시간 25분

21 5시간 23분+1시간 28분

22 2시 35분-1시 10분

23 7시 40분-2시 13분

24 5시 35분-2시 26분

25 2시 50분-25분

26 8시 52분-6시간 25분

27 7시 40분-1시간 27분

28 6시간 32분-5시간 15분

29 9시간 44분-2시간 15분

6 세 수의 계산

오늘따라 손님이 많아서 너무 힘들었어.

맞아, 맞아.

고생 많았구나. 오늘은 모두 몇 개나 팔았니?

단팥빵 217개, 크림빵 25개, 소시지 빵 36개를 팔았어요.

$$217 + 25 + 36 = 278$$

① 242

② 278

앞에서부터 차례대로 계산하면 모두 278개 팔았어요.

정말 많이 팔았구나. 그나저나 볼프랑 네루는 어떻게 되었니?

할아버지, 저희 빵집이 망했어요.

빵집 건물 주인이 나가래요. ㅜㅜ

이런~ 또 갈 곳이 없는 모양이구나. 이곳에서 지내거라.

감사합니다. ㅜㅜ

학습내용

▶ 세 수의 덧셈
▶ 세 수의 뺄셈
▶ 세 수의 덧셈과 뺄셈
▶ 몇십으로 만들어 계산하기
▶ 더해서 몇십이 되는 수 먼저 계산하기

연산력 게임

스마트폰을 이용하여 QR을 찍으면 재미있는 연산 게임을 할 수 있습니다.

01 세 수의 덧셈

✚ 245+16+27의 계산

$$245+16+27=288$$

①
261
②
288

245+16+27=288
43
288

뒤의 두 수를 먼저
계산해도 결과는
같아요.

● 계산해 보세요.

1 218+35+23= ☐

253

☐

2 325+56+37= ☐

381

☐

3 352+23+68

4 536+15+38

5 487+46+52

6 674+54+28

7 716+54+67

8 783+29+45

● 잡곡밥을 지으려고 합니다. 곡물의 무게는 모두 몇 g입니까? (단, 그릇의 무게는 생각하지 않습니다.)

→ 무게를 재는 단위로 '그램'이라고 읽어요.

9

_____ g

10

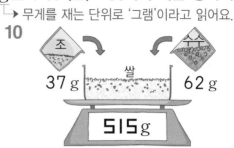

_____ g

11

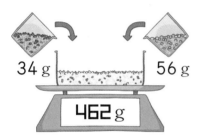

_____ g

12

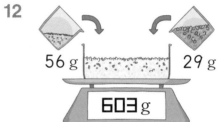

_____ g

13

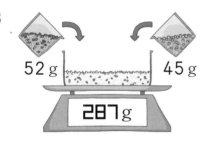

_____ g

14

_____ g

15

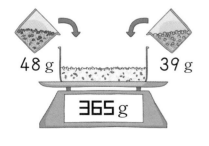

_____ g

16

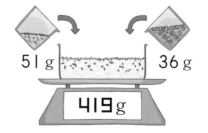

_____ g

02 세 수의 뺄셈

✚ 372−25−16의 계산

$$372-25-16=331$$

① 347

② 331

372−25−16

9

363(×)

계산 순서를
바꾸면 답이 틀려요.

● 계산해 보세요.

1 295−13−37=☐

282

☐

2 329−43−54=☐

286

☐

3 432−51−28

4 561−34−58

5 628−34−57

6 685−51−27

7 810−43−36

8 854−39−25

● 리본 테이프를 이용하여 선물 상자 2개를 포장하였습니다. 사용하고 남은 리본 테이프의 길이를 구하세요.

9

346 cm   72 cm   58 cm

➡ 346−72−58=☐ (cm)

10

492 cm   81 cm   57 cm

➡ 492−81−57=☐ (cm)

11

520 cm   68 cm   96 cm

➡ ＿＿＿＿＿＿＿＿＿＿＿ (cm)

12

572 cm   84 cm   75 cm

➡ ＿＿＿＿＿＿＿＿＿＿＿ (cm)

13

628 cm   94 cm   88 cm

➡ ＿＿＿＿＿＿＿＿＿＿＿ (cm)

14

554 cm   78 cm   95 cm

➡ ＿＿＿＿＿＿＿＿＿＿＿ (cm)

15

461 cm   58 cm   77 cm

➡ ＿＿＿＿＿＿＿＿＿＿＿ (cm)

16

390 cm   85 cm   78 cm

➡ ＿＿＿＿＿＿＿＿＿＿＿ (cm)

03 세 수의 덧셈과 뺄셈 (1)

✛ 238+34−19의 계산

$$238+34-19=253$$

① 272
② 253

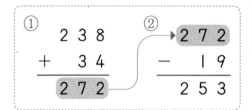

+, −가 섞여 있는
식은 앞에서부터
차례대로 계산해요.

● 계산해 보세요.

1 245+37−56=☐

282

☐

2 17+376−59=☐

393

☐

3 426+51−29

4 45+583−93

5 658+34−67

6 26+748−57

7 812+43−78

8 25+857−97

● 벌이 꿀을 따서 꿀통에 담았더니 그중 일부를 곰이 먹었습니다. 먹고 남은 꿀의 양을 구하세요.

9

56 g
38 g을 먹었어요.
240 g

➡ $240 + 56 - 38 =$ ☐ (g)

10

43 g
67 g을 먹었어요.
371 g

➡ $371 + 43 - 67 =$ ☐ (g)

11

87 g
55 g을 먹었어요.
452 g

➡ _____ (g)

12

65 g
78 g을 먹었어요.
510 g

➡ _____ (g)

13

32 g
88 g을 먹었어요.
341 g

➡ _____ (g)

14

76 g
58 g을 먹었어요.
287 g

➡ _____ (g)

15

84 g
69 g을 먹었어요.
562 g

➡ _____ (g)

16

62 g
96 g을 먹었어요.
410 g

➡ _____ (g)

04 세 수의 덧셈과 뺄셈 (2)

✛ 284−57+25의 계산

$$284-57+25=252$$

      ① 227

      ② 252

284−57+25
    82
202(×)

반드시 앞에서부터
차례대로 계산해요.

● 계산해 보세요.

1   249−15+46= ☐

    234

2   356−32+48= ☐

    324

3   372−55+28

4   418−63+29

5   475−39+78

6   580−29+78

7   753−46+72

8   827−43+68

● 계산해 보세요.

9 617−35+67=

걱

10 582−16+43=

비

11 568−24+85=

이

12 634−92+58=

제

13 620−32+45=

주

14 573−36+74=

박

15 591−52+86=

렁

16 558−11+72=

구

17 641−58+34=

씨

동화책의 제목은 무엇일까요?
계산 결과에 해당하는 글자를
써넣으면 힌트가 나와요.

연상퀴즈

600	609		611	617		619	625	629		633	649
		,			,				,		

05 몇십으로 만들어 계산하기

✚ 230+19+29의 계산

$$230+19+29=278$$

↓+1 ↓+1 ↑−2 ← 계산 결과에서 더 더한만큼 빼요.

$$230+20+30=280$$

✚ 360−19−29의 계산

$$360-19-29=312$$

↓+1 ↓+1 ↑+2 ← 계산 결과에서 더 뺀만큼 더해요.

$$360-20-30=310$$

● 계산하기 편리하도록 수를 바꾸어 계산해 보세요.

1 $310 + 29 + 49 = \boxed{}$

↓+1 ↓+1 ↑−2

$310 + 30 + 50 = \boxed{}$

2 $380 - 49 - 29 = \boxed{}$

↓+1 ↓+1 ↑+2

$380 - 50 - 30 = \boxed{}$

3 $454 + 19 + 59 = \boxed{}$

↓+1 ↓+1 ↑−2

$454 + 20 + \boxed{} = \boxed{}$

4 $562 - 39 - 49 = \boxed{}$

↓+1 ↓+1 ↑+2

$562 - 40 - \boxed{} = \boxed{}$

5 $678 + 28 + 69 = \boxed{}$

↓+2 ↓+1 ↑−3

$678 + \boxed{} + \boxed{} = \boxed{}$

6 $721 - 19 - 58 = \boxed{}$

↓+1 ↓+2 ↑+3

$721 - \boxed{} - \boxed{} = \boxed{}$

● 계산하기 편리하도록 수를 바꾸어 계산해 보세요.

쪽지 시험	이름	김 천 재
몇십으로 만들어 계산하기		

7   270 + 19 + 59 = ☐

   ↓+1 ↓+1   ↑−2

   270 + 20 + 60 = ☐

11   350 − 29 − 49 = ☐

   ↓+1 ↓+1   ↑+2

   350 − 30 − 50 = ☐

8   485 + 39 + 49 = ☐

   ↓+1   ↓+1   ↑−2

   485 + 40 + ☐ = ☐

12   526 − 19 − 59 = ☐

   ↓+1 ↓+1   ↑+2

   526 − 20 − ☐ = ☐

9   638 + 28 + 29 = ☐

   ↓+2   ↓+1   ↑−3

   638+ ☐ + ☐ = ☐

13   771 − 38 − 29 = ☐

   ↓+2   ↓+1   ↑+3

   771− ☐ − ☐ = ☐

10   816 + 18 + 38 = ☐

   ↓+2   ↓+2   ↑−4

   816+ ☐ + ☐ = ☐

14   926 − 68 − 18 = ☐

   ↓+2   ↓+2   ↑+4

   926− ☐ − ☐ = ☐

06 더해서 몇십이 되는 수 먼저 계산하기

✚ 245+27+45의 계산

$$245 + 27 + 45 = 317$$

5+5=10이므로 → 290
245+45를 먼저
계산해요.
317

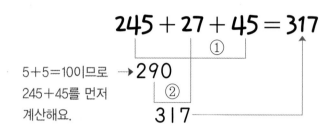

일의 자리 수끼리의
합이 10이 되는 두 수를
먼저 더하면 편리해요.

● 계산해 보세요.

1 342 + 54 + 28 = ☐

370

☐

2 376 + 17 + 43 = ☐

60

☐

3 474 + 35 + 56 = ☐

☐

☐

4 527 + 39 + 21 = ☐

☐

☐

5 573 + 68 + 47 = ☐

☐

☐

6 635 + 48 + 42 = ☐

☐

☐

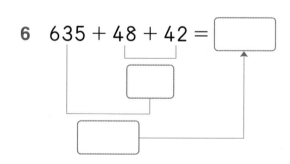

● 계산해 보세요.

7 413 + 39 + 27 = ▢ 동

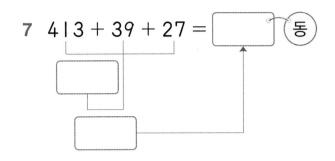

8 386 + 37 + 53 = ▢ 운

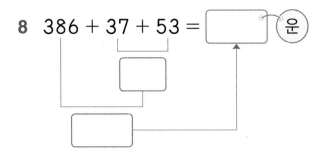

9 354 + 23 + 76 = ▢ 가

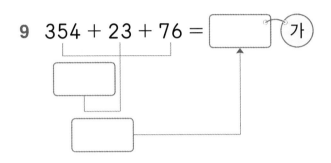

10 423 + 29 + 11 = ▢ 무

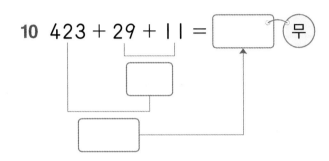

11 408 + 45 + 12 = ▢ 거

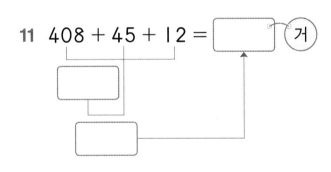

12 415 + 14 + 56 = ▢ 물

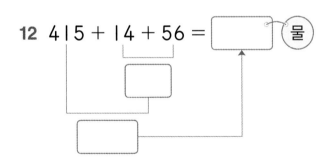

13 365 + 69 + 25 = ▢ 장

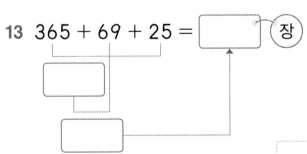

계산 결과에 해당하는 글자를
써넣어 만든 문제의 답은 무엇일까요?

453	459		463	465	476		479	485

은?

07 집중 연산 ①

● 화살표를 따라가며 계산해 보세요.

1

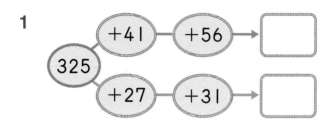

2

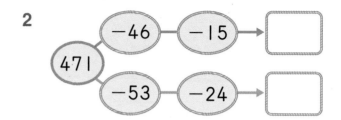

3

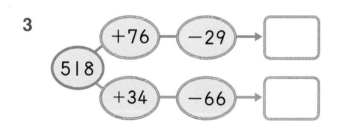

4

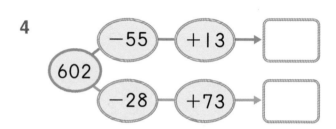

5

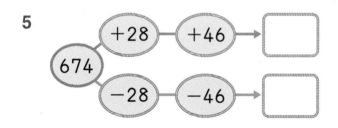

6

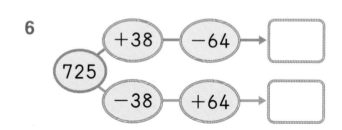

7

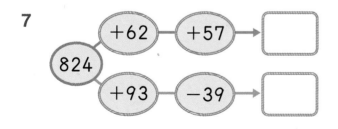

8

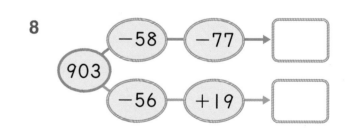

● 사다리 타기를 하여 빈칸에 알맞은 수를 써넣으세요.

9

| 217 | 576 | 784 |

+38

+56

+27

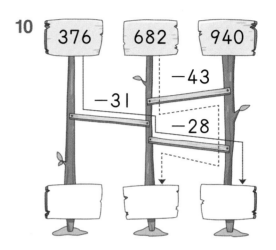

10

| 376 | 682 | 940 |

−43

−31

−28

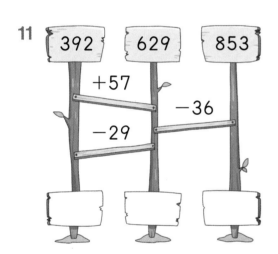

11

| 392 | 629 | 853 |

+57

−36

−29

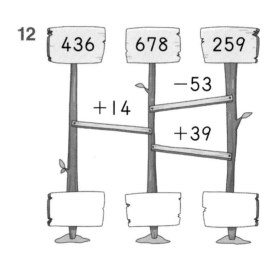

12

| 436 | 678 | 259 |

−53

+14

+39

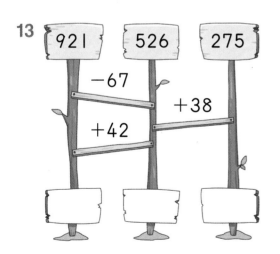

13

| 921 | 526 | 275 |

−67

+38

+42

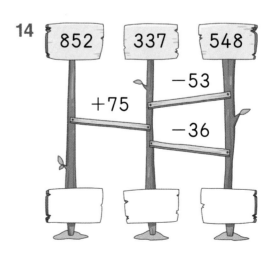

14

| 852 | 337 | 548 |

−53

+75

−36

08 집중 연산 ❷

● 계산해 보세요.

1 237+45+53

2 325+43+36

3 452+26+74

4 615+83+37

5 674+52+29

6 743+28+57

7 371−35−73

8 461−25−54

9 538−94−35

10 716−52−37

11 740−56−47

12 900−38−24

13 328+34−67

14 412+57−36

15 592+78−46

16 651+43−68

17 782+45−77

18 828+93−47

19 531−69+26

20 613−85+27

21 736−53+71

22 823−15+67

23 924−68+35

24 960−93+36

💡 받아올림이 있는 (세 자리 수)+(두 자리 수)의 계산

276+58의 계산

```
    2 7 6
 +    5 8
 ─────────
    3 3 4
```

더하는 수를 가르기를 하여 몇백으로 만들어 더할 수 있습니다.

2 7 6 + 5 8 = 276+24+34

24 34

합이 9   합이 10

= 300+34

= 334

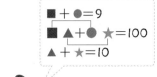

♣ 다른 문제들도 풀어 볼까요?

1 5 7 5 + 6 8 = 575+25+43

25 43

= ☐ +43

= ☐

2 9 8 7 + 4 6 = 987+13+33

13 33

= ☐ +33

= ☐

水　漁　之　交

물 　 물고기 　 갈 　 사귈

수 　 어 　 지 　 교

물고기에게 물은 정말 소중한 존재이지요.
수어지교란 물고기와 물의 관계처럼,
아주 친밀하여 떨어질 수 없는 사이
또는 깊은 우정을 일컫는 말이랍니다.

뭘 좋아할지 몰라 다 준비했어♥
전과목 교재

전과목 시리즈 교재

●무등샘 해법시리즈
– 국어/수학	1~6학년, 학기용
– 사회/과학	3~6학년, 학기용
– 봄·여름/가을·겨울	1~2학년, 학기용
– SET(전과목/국수, 국사과)	1~6학년, 학기용

●똑똑한 하루 시리즈
– 똑똑한 하루 독해	예비초~6학년, 총 14권
– 똑똑한 하루 글쓰기	예비초~6학년, 총 14권
– 똑똑한 하루 어휘	예비초~6학년, 총 14권
– 똑똑한 하루 한자	예비초~6학년, 총 14권
– 똑똑한 하루 수학	1~6학년, 학기용
– 똑똑한 하루 계산	예비초~6학년, 총 14권
– 똑똑한 하루 도형	예비초~6학년, 총 8권
– 똑똑한 하루 사고력	1~6학년, 학기용
– 똑똑한 하루 사회/과학	3~6학년, 학기용
– 똑똑한 하루 봄/여름/가을/겨울	1~2학년, 총 8권
– 똑똑한 하루 안전	1~2학년, 총 2권
– 똑똑한 하루 Voca	3~6학년, 학기용
– 똑똑한 하루 Reading	초3~초6, 학기용
– 똑똑한 하루 Grammar	초3~초6, 학기용
– 똑똑한 하루 Phonics	예비초~초등, 총 8권

●독해가 힘이다 시리즈
– 초등 문해력 독해가 힘이다 비문학편	3~6학년
– 초등 수학도 독해가 힘이다	1~6학년, 학기용
– 초등 문해력 독해가 힘이다 문장제수학편	1~6학년, 총 12권

영어 교재

●초등영어 교과서 시리즈
파닉스(1~4단계)	3~6학년, 학년용
영단어(1~4단계)	3~6학년, 학년용

●LOOK BOOK 영단어	3~6학년, 단행본
●원서 읽는 LOOK BOOK 영단어	3~6학년, 단행본

국가수준 시험 대비 교재

●해법 기초학력 진단평가 문제집	2~6학년·중1 신입생, 총 6권

똑똑한 하루

빅터연산

정답 및 풀이

2·c

초등 2 수준

천재교육

정답 및 풀이
포인트 3가지

▶ 쉽게 찾을 수 있는 정답

▶ 알아보기 쉽게 정리된 정답

▶ 혼자서도 이해할 수 있는 친절한 문제 풀이

1 네 자리 수

01 1000 알아보기　8~9쪽

1. 100
2. 200
3. 10
4. 30
5. 1
6. 2

7.

900	910	920		940	950	960		980	990
			930			970			1000

8.

990	991	992	993		995	996	997		999
			994			998		1000

9. 300
10. 500
11. 400
12. 20
13. 80
14. 40
15. 60

02 몇천 알아보기　10~11쪽

1. 6000
2. 3000
3. 7000
4. 5000
5. 8000
6. 떡볶이
7. 만두
8. 우동
9. 순대
10. 돈가스
11. 김밥
12. 라면
13. 김치볶음밥

03 네 자리 수 알아보기　12~13쪽

1. 4925
2. 7, 2, 6, 3
3. 6204
4. 1, 9, 0, 7
5. 2781
6. 8, 0, 4, 9

7.

①4	3	⑥8	7						
	2					④1	4	8	⑦2
	7		⑤9						9
③6	5	1	2			⑧9	②2	0	6
			1				0		3
	⑦7	⑥8	0	⑨4			8		
		0		2		⑤7	0	4	0
		5		0					
		2		9					

04 자릿값 알아보기　14~15쪽

1.

천의 자리	백의 자리	십의 자리	일의 자리
7	2	9	3
⬇			
7	0	0	0
	2	0	0
		9	0
			3

2.

천의 자리	백의 자리	십의 자리	일의 자리
5	1	6	8
⬇			
5	0	0	0
	1	0	0
		6	0
			8

3.

천의 자리	백의 자리	십의 자리	일의 자리
8	4	2	9
⬇			
8	0	0	0
	4	0	0
		2	0
			9

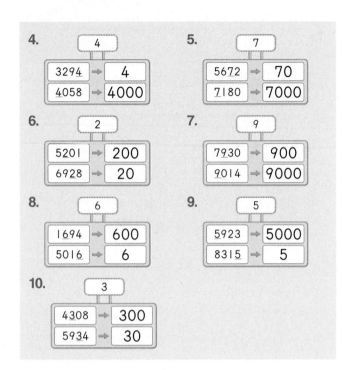

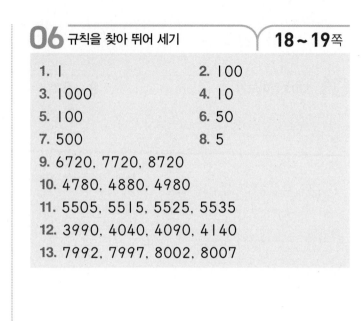

06 규칙을 찾아 뛰어 세기 · 18~19쪽

1. 1
2. 100
3. 1000
4. 10
5. 100
6. 50
7. 500
8. 5
9. 6720, 7720, 8720
10. 4780, 4880, 4980
11. 5505, 5515, 5525, 5535
12. 3990, 4040, 4090, 4140
13. 7992, 7997, 8002, 8007

07 수의 크기 비교 · 20~21쪽

1. <, <
2. >, >
3. >, <
4. >, >
5. >, <
6. <, <
7. >, <
8. >, >
9. <
10. >
11. <
12. <
13. <
14. >
15. >
16. <
17. >
18. >

12. 5418<5423
    └ 1<2 ┘

14. 3925>3772
    └ 9>7 ┘

16. 3768<3775
    └ 6<7 ┘

18. 3925>3775
    └ 9>7 ┘

05 뛰어 세기 · 16~17쪽

1. 2740, 2840, 2940
2. 4755, 4756, 4757
3. 5710, 6710, 7710, 8710
4. 5690, 5700, 5710, 5720
5. 7400, 7450, 7500, 7550
6. 4935
7. 4370
8. 2471
9. 3390
10. 4070
11. 5910

차도가 없는 나라는? ; 인도

08 집중 연산 ❶   22~23쪽

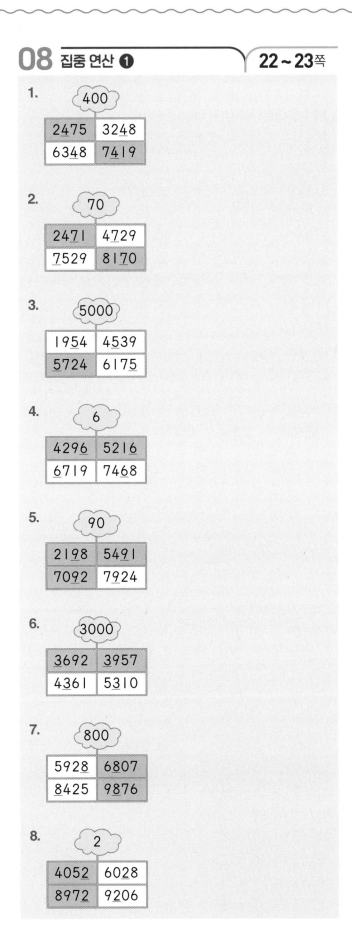

1.
- 400
- 2<u>4</u>75   32<u>4</u>8
- 63<u>4</u>8   7<u>4</u>19

2.
- 70
- 24<u>7</u>1   4<u>7</u>29
- <u>7</u>529   81<u>7</u>0

3.
- 5000
- 19<u>5</u>4   4<u>5</u>39
- <u>5</u>724   617<u>5</u>

4.
- 6
- 429<u>6</u>   521<u>6</u>
- <u>6</u>719   74<u>6</u>8

5.
- 90
- 21<u>9</u>8   54<u>9</u>1
- 70<u>9</u>2   7<u>9</u>24

6.
- 3000
- <u>3</u>692   <u>3</u>957
- 4<u>3</u>61   5<u>3</u>10

7.
- 800
- 592<u>8</u>   6<u>8</u>07
- <u>8</u>425   9<u>8</u>76

8.
- 2
- 405<u>2</u>   60<u>2</u>8
- 897<u>2</u>   <u>9</u>206

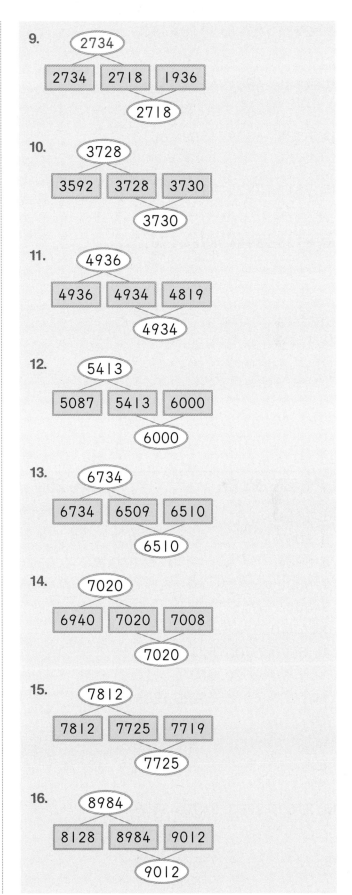

9.
- 2734
- 2734   2718   1936
- 2718

10.
- 3728
- 3592   3728   3730
- 3730

11.
- 4936
- 4936   4934   4819
- 4934

12.
- 5413
- 5087   5413   6000
- 6000

13.
- 6734
- 6734   6509   6510
- 6510

14.
- 7020
- 6940   7020   7008
- 7020

15.
- 7812
- 7812   7725   7719
- 7725

16.
- 8984
- 8128   8984   9012
- 9012

9. 2734>2718, 2718>1936
　　　└─3>1─┘　　└─2>1─┘

11. 4936>4934, 4934>4819
　　　└─6>4─┘　　└─9>8─┘

13. 6734>6509, 6509<6510
　　　└─7>5─┘　　└─0<1─┘

15. 7812>7725, 7725>7719
　　　└─8>7─┘　　└─2>1─┘

16. 8128<8984, 8984<9012
　　　└─1<9─┘　　└─8<9─┘

09 집중 연산 ❷　　24~25쪽

1. 2754	2. 3, 2, 1, 8
3. 3047	4. 6, 0, 4, 2
5. 5934	6. 8, 2, 0, 9
7. 6802	8. 5, 3, 6, 0

9. 6825, 6925, 7025
10. 7340, 8340, 9340
11. 5690, 5700, 5710, 5720
12. 2970, 3020, 3070, 3120
13. 5706, 6206, 6706, 7206

14. <, <	15. >, <
16. >, >	17. <, <
18. <, >	19. <, >

16. 2968>2963, 3472>3459
　　　└─8>3─┘　　└─7>5─┘

18. 6375<6379, 7538>7398
　　　└─5<9─┘　　└─5>3─┘

2 세 자리 수와 두 자리 수의 덧셈

01 받아올림이 없는 (세 자리 수)+(두 자리 수)　28~29쪽

1. 259	2. 378
3. 476	4. 498
5. 679	6. 889
7. 577	8. 793
9. 969	10. 378
11. 488	12. 367
13. 497	14. 397
15. 484	16. 393
17. 476	18. 389
19. 382	

연상퀴즈 달걀, 오이, 당근, 단무지, 김 ;

02 일의 자리에서 받아올림이 있는 (세 자리 수)+(두 자리 수)　30~31쪽

1. 253	2. 492
3. 371	4. 483
5. 576	6. 790
7. 671	8. 772
9. 964	10. 266

11. 471
12. 527+58=585
13. 219+55=274
14. 435+47=482
15. 527+36=563
16. 58+219=277
17. 55+435=490

2.
```
      1
    4 4 3
  +   4 9
  ───────
    4 9 2
```

4.
```
      1
    4 6 6
  +   1 7
  ───────
    4 8 3
```

6.
```
      1
      7 4
  + 7 1 6
  ───────
    7 9 0
```

9.
```
      1
      3 7
  + 9 2 7
  ───────
    9 6 4
```

03 십의 자리에서 받아올림이 있는 (세 자리 수)+(두 자리 수) 32~33쪽

1. 329	**2.** 618
3. 418	**4.** 715
5. 646	**6.** 838
7. 504	**8.** 834
9. 959	**10.** 528
11. 617	**12.** 628
13. 507	**14.** 558
15. 618	**16.** 537
17. 637	

키가 가장 큰 동물은? ; 기린

2.
```
      1
    5 6 5
  +   5 3
  ───────
    6 1 8
```

9.
```
      1
      7 3
  + 8 8 6
  ───────
    9 5 9
```

04 받아올림이 2번 있는 (세 자리 수)+(두 자리 수) 34~35쪽

1. 334	**2.** 453
3. 633	**4.** 513
5. 623	**6.** 820
7. 731	**8.** 800
9. 903	**10.** 582
11. 430	

12. 278+66=344

13. 494+47=541

14. 355+88=443

15. 278+75=353

16. 66+494=560

17. 47+355=402

4.
```
    1 1
    4 7 4
  +   3 9
  ───────
    5 1 3
```

6.
```
    1 1
      9 2
  + 7 2 8
  ───────
    8 2 0
```

05 길이의 합 36~37쪽

1. 258	**2.** 685
3. 479	**4.** 375
5. 593	**6.** 847
7. 945	**8.** 520
9. 964	**10.** 299
11. 329	**12.** 333
13. 297	**14.** 287
15. 332	**16.** 303
17. 305	

1.
```
      2 | 5  cm
  +     4 3  cm
      2 5 8  cm
```

5.
```
          |
      5 6 4  cm
  +     2 9  cm
      5 9 3  cm
```

6.
```
          |
        5 6  cm
  +   7 9 |  cm
      8 4 7  cm
```

9.
```
        | |
        8 8  cm
  +   8 7 6  cm
      9 6 4  cm
```

10. 234+65=299 (cm)

11. 257+72=329 (cm)

12. 274+59=333 (cm)

13. 216+81=297 (cm)

14. 68+219=287 (cm)

15. 87+245=332 (cm)

16. 88+215=303 (cm)

17. 208+97=305 (cm)

---

06 몇백몇십으로 만들어 덧셈하기 〉 **38~39**쪽

1. 269 + 14 = 283
↓ +1   ↑ −1
270 + 14 = 284

---

2. 519 + 56 = 575
↓ +1   ↑ −1
520 + 56 = 576

3. 359 + 32 = 391
↓ +1   ↑ −1
360 + 32 = 392

4. 639 + 27 = 666
↓ +1   ↑ −1
640 + 27 = 667

5. 728 + 47 = 775
↓ +2   ↑ −2
730 + 47 = 777

6. 478 + 53 = 531
↓ +2   ↑ −2
480 + 53 = 533

7. 혜진
```
249 + 83 = 332
↓ +1        ↑ −1
250 + 83 = 333
```

8. 민호
```
329 + 85 = 414
↓ +1        ↑ −1
330 + 85 = 415
```

9. 우현

$$259 + 37 = \boxed{296}$$
↓+1　↑−1
$$\boxed{260} + \boxed{37} = \boxed{297}$$

10. 윤하

$$549 + 65 = \boxed{614}$$
↓+1　↑−1
$$\boxed{550} + \boxed{65} = \boxed{615}$$

11. 지수

$$498 + 77 = \boxed{575}$$
↓+2　↑−2
$$\boxed{500} + \boxed{77} = \boxed{577}$$

12. 현수

$$678 + 43 = \boxed{721}$$
↓+2　↑−2
$$\boxed{680} + \boxed{43} = \boxed{723}$$

13. 예린

$$578 + 62 = \boxed{640}$$
↓+2　↑−2
$$\boxed{580} + \boxed{62} = \boxed{642}$$

14. 지혁

$$768 + 55 = \boxed{823}$$
↓+2　↑−2
$$\boxed{770} + \boxed{55} = \boxed{825}$$

07 집중 연산 ❶ 　40~41쪽

1.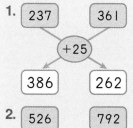

237　361
+25
386　262

2.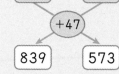

526　792
+47
839　573

3.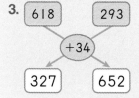

618　293
+34
327　652

4.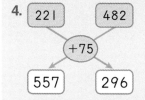

221　482
+75
557　296

5.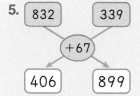

832　339
+67
406　899

6.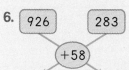

926　283
+58
341　984

7.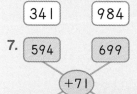

594　699
+71
770　665

8.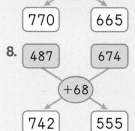

487　674
+68
742　555

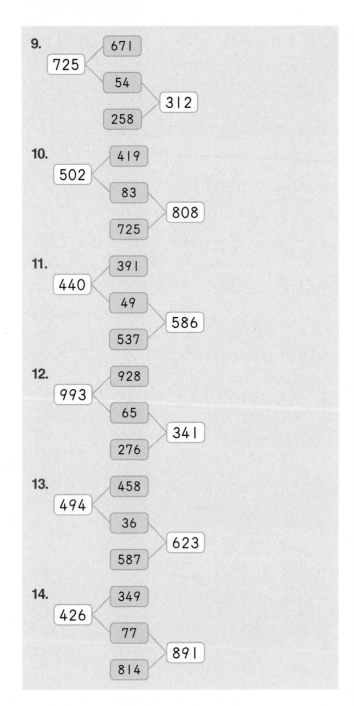

9. 671+54=725, 258+54=312

10. 419+83=502, 725+83=808

11. 391+49=440, 537+49=586

12. 928+65=993, 276+65=341

13. 458+36=494, 587+36=623

14. 349+77=426, 814+77=891

1. 361+25=386, 237+25=262

2. 792+47=839, 526+47=573

3. 293+34=327, 618+34=652

4. 482+75=557, 221+75=296

5. 339+67=406, 832+67=899

6. 283+58=341, 926+58=984

7. 699+71=770, 594+71=665

8. 674+68=742, 487+68=555

08 집중 연산 ❷　　42~43쪽

1.
453	534	
490	571	+37

2.
385	829	
437	881	+52

3.
946	681	
974	709	+28

4.
764	238	
807	281	+43

5.
817	352	
893	428	+76

6.
428	593	
492	657	+64

7.
726	295	
771	340	+45

8.
863	674	
922	733	+59

9.

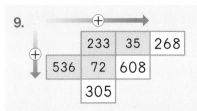

	233	35	268
536	72	608
	305

10.

	273	54	327
617	28	645
	301

11.

	348	74	422
782	29	811
	377

12.

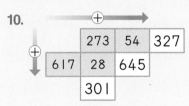

	493	27	520
883	49	932
	542

13.

	563	76	639
915	28	943
	591

14.

	684	52	736
388	76	464
	760

15.

	724	34	758
283	29	312
	753

16.

	856	27	883
487	83	570
	939

1. 453+37=490, 534+37=571
2. 385+52=437, 829+52=881
3. 946+28=974, 681+28=709
4. 764+43=807, 238+43=281
5. 817+76=893, 352+76=428
6. 428+64=492, 593+64=657
7. 726+45=771, 295+45=340
8. 863+59=922, 674+59=733

09 집중 연산 ❸   44~45쪽

1. 288	2. 593
3. 765	4. 328
5. 413	6. 768
7. 369	8. 935
9. 565	10. 370
11. 977	12. 751
13. 400	14. 830
15. 951	16. 413
17. 702	18. 539
19. 621	20. 307
21. 820	22. 975
23. 562	24. 683
25. 807	26. 415
27. 941	28. 600
29. 722	30. 524

2.
```
      1
    5 5 4
  +   3 9
  ───────
    5 9 3
```

4.
```
      1
    2 7 3
  +   5 5
  ───────
    3 2 8
```

9.
```
      1
    5 2 8
  +   3 7
  ───────
    5 6 5
```

10.
```
    | |
  2 9 3
+   7 7
─────────
  3 7 0
```

17.
```
    | |
  6 | 7
+   8 5
─────────
  7 0 2
```

24.
```
    |
  6 3 7
+   4 6
─────────
  6 8 3
```

25.
```
    |
  7 2 3
+   8 4
─────────
  8 0 7
```

28.
```
    | |
  5 4 8
+   5 2
─────────
  6 0 0
```

10 집중 연산 ❹　　46~47쪽

1. 586, 964	2. 676, 362
3. 918, 490	4. 451, 834
5. 500, 852	6. 969, 321
7. 502, 602	8. 448, 671
9. 783, 558	10. 895, 311
11. 612, 943	12. 426, 851
13. 731, 451	14. 519, 932
15. 331, 630	16. 356, 536
17. 288, 652	18. 368, 705
19. 474, 840	20. 535, 937
21. 714, 982	22. 778, 580
23. 908, 313	24. 949, 419
25. 284, 810	26. 371, 958
27. 500, 995	28. 568, 929
29. 695, 352	30. 900, 453

3 세 자리 수와 두 자리 수의 뺄셈

01 받아내림이 없는 (세 자리 수)-(두 자리 수)　50~51쪽

1. 231	2. 312
3. 643	4. 307
5. 710	6. 512
7. 415	8. 643
9. 912	10. 431
11. 217	

12. $385-83=302$
13. $548-37=511$
14. $394-91=303$
15. $468-55=413$
16. $297-74=223$
17. $586-66=520$

02 십의 자리에서 받아내림이 있는 (세 자리 수)-(두 자리 수)　52~53쪽

1. 257	2. 318
3. 549	4. 417
5. 708	6. 656
7. 519	8. 947
9. 809	10. 316
11. 527	

12. $291-74=217$
13. $473-66=407$
14. $657-49=608$
15. $797-58=739$
16. $285-47=238$
17. $394-38=356$

2.
```
      4 10
  3 5̸ 7
-   3 9
─────────
  3 1 8
```

4.
```
      3 10
  4 4̸ 2
-   2 5
─────────
  4 1 7
```

6.
```
      8 10
  6 9̸ 3
-   3 7
─────────
  6 5 6
```

9.
```
      5 10
  8 6̸ 1
-   5 2
─────────
  8 0 9
```

---

03 백의 자리에서 받아내림이 있는 (세 자리 수)−(두 자리 수) | 54 ~ 55쪽

1. 185	2. 262
3. 577	4. 383
5. 790	6. 461
7. 583	8. 661
9. 873	10. 332
11. 272	12. 372
13. 352	14. 262
15. 362	16. 382
17. 282	18. 292

가장 빨리 달리는 새는? ; 타조

4.
```
    3 10
  4̸ 1 9
-   3 6
─────────
  3 8 3
```

5.
```
    7 10
  8̸ 8 5
-   9 5
─────────
  7 9 0
```

---

04 받아내림이 2번 있는 (세 자리 수)−(두 자리 수) | 56 ~ 57쪽

1. 178	2. 277
3. 587	4. 348
5. 677	6. 469
7. 581	8. 789
9. 857	

10.

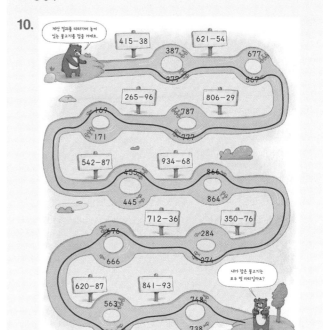

20마리

2.
```
    2 11 10
  3̸ 2̸ 6
-     4 9
─────────
    2 7 7
```

3.
```
    5 15 10
  6̸ 6̸ 5
-     7 8
─────────
    5 8 7
```

7.
```
    5 13 10
  6̸ 4̸ 0
-     5 9
─────────
    5 8 1
```

9.
```
    8 12 10
  9̸ 3̸ 0
-     7 3
─────────
    8 5 7
```

05 (몇백)−(두 자리 수) 58~59쪽

1. 176
2. 533
3. 364
4. 253
5. 405
6. 629
7. 545
8. 718
9. 806
10. 153
11. 255
12. 500−62=438
13. 400−73=327
14. 200−91=109
15. 300−64=236
16. 700−89=611
17. 400−96=304

1.
```
    1 9 10
    2̸ 0 0
  −   2 4
    1 7 6
```

3.
```
    3 9 10
    4̸ 0 0
  −   3 6
    3 6 4
```

5.
```
    4 9 10
    5̸ 0 0
  −   9 5
    4 0 5
```

7.
```
    5 9 10
    6̸ 0 0
  −   5 5
    5 4 5
```

9.
```
    8 9 10
    9̸ 0 0
  −   9 4
    8 0 6
```

06 길이의 차 60~61쪽

1. 234
2. 286
3. 608
4. 357
5. 851
6. 435
7. 717
8. 527
9. 867
10. 213
11. 232
12. 351, 78, 273
13. 436, 62, 374
14. 465, 98, 367
15. 521, 87, 434
16. 593, 79, 514
17. 624, 69, 555

1.
```
    2 7 5 cm
  −   4 1 cm
    2 3 4 cm
```

3.
```
      7 10
    6 8̸ 2 cm
  −   7 4 cm
    6 0 8 cm
```

6.
```
      4 10
    5̸ 1 8 cm
  −   8 3 cm
    4 3 5 cm
```

7.
```
      8 10
    7 9̸ 4 cm
  −   7 7 cm
    7 1 7 cm
```

8.
```
    5 11 10
    6̸ 2̸ 5 cm
  −   9 8 cm
    5 2 7 cm
```

07 몇십으로 만들어 뺄셈하기 62~63쪽

1. $345 - 69 = \boxed{276}$

    ↓+1 ↑+1

    $345 - 70 = \boxed{275}$

2. $392 - 49 = \boxed{343}$

    ↓+1 ↑+1

    $392 - 50 = \boxed{342}$

3. $426 - 59 = \boxed{367}$

    ↓+1 ↑+1

    $426 - \boxed{60} = \boxed{366}$

4. $583 - 89 = \boxed{494}$

    ↓+1 ↑+1

    $583 - \boxed{90} = \boxed{493}$

5. $613 - 48 = \boxed{565}$

    ↓+2 ↑+2

    $613 - \boxed{50} = \boxed{563}$

6. $721 - 68 = \boxed{653}$

    ↓+2 ↑+2

    $721 - \boxed{70} = \boxed{651}$

7. 혜진

$453 - 39 = \boxed{414}$

    ↓+1 ↑+1

$453 - \boxed{40} = \boxed{413}$

8. 민호

$470 - 59 = \boxed{411}$

    ↓+1 ↑+1

$470 - \boxed{60} = \boxed{410}$

9. 예린

$538 - 79 = \boxed{459}$

    ↓+1 ↑+1

$538 - \boxed{80} = \boxed{458}$

10. 지훈

$520 - 49 = \boxed{471}$

    ↓+1 ↑+1

$520 - \boxed{50} = \boxed{470}$

11. 준영

$643 - 68 = \boxed{575}$

    ↓+2 ↑+2

$643 - \boxed{70} = \boxed{573}$

12. 주하

$743 - 88 = \boxed{655}$

    ↓+2 ↑+2

$743 - \boxed{90} = \boxed{653}$

13. 민주

$253 - 28 = \boxed{225}$

    ↓+2 ↑+2

$253 - \boxed{30} = \boxed{223}$

14. 우현

$827 - 58 = \boxed{769}$

    ↓+2 ↑+2

$827 - \boxed{60} = \boxed{767}$

08 집중 연산 ❶ 64~65쪽

1. 333, 318
2. 440, 419
3. 459, 405
4. 544, 519
5. 603, 588
6. 684, 653
7. 761, 748
8. 883, 862
9. 232, 615
10. 454, 258
11. 344, 728
12. 876, 705
13. 608, 164
14. 775, 616
15. 487, 279
16. 313, 826

1. 374−41=333, 374−56=318
2. 495−55=440, 495−76=419
3. 500−41=459, 500−95=405
4. 587−43=544, 587−68=519
5. 620−17=603, 620−32=588
6. 709−25=684, 709−56=653
7. 800−39=761, 800−52=748
8. 935−52=883, 935−73=862
9. 258−26=232, 641−26=615
10. 517−63=454, 321−63=258
11. 418−74=344, 802−74=728
12. 934−58=876, 763−58=705
13. 700−92=608, 256−92=164
14. 810−35=775, 651−35=616
15. 533−46=487, 325−46=279
16. 402−89=313, 915−89=826

09 집중 연산 ❷ 66~67쪽

1. 169, 527
2. 655, 336
3. 287, 743
4. 944, 617
5. 504, 276
6. 693, 206
7. 398, 787
8. 275, 854
9. 789, 635
10. 853, 425
11. 248, 711
12. 222, 584
13. 429, 766
14. 311, 724
15. 523, 875
16. 331, 714
17. 528, 132
18. 423, 858
19. 675, 292

4. 978−34=944, 651−34=617
5. 562−58=504, 334−58=276
6. 758−65=693, 271−65=206
7. 425−27=398, 814−27=787
8. 357−82=275, 936−82=854
9. 836−47=789, 682−47=635
10. 947−94=853, 519−94=425
11. 283−35=248, 746−35=711
12. 276−54=222, 638−54=584
13. 492−63=429, 829−63=766
14. 348−37=311, 761−37=724
15. 548−25=523, 900−25=875
16. 427−96=331, 810−96=714
17. 600−72=528, 204−72=132
18. 506−83=423, 941−83=858

10 집중 연산 ❸ 　68~69쪽

1. 212	2. 535
3. 715	4. 346
5. 373	6. 776
7. 458	8. 692
9. 867	10. 658
11. 655	12. 398
13. 768	14. 177
15. 868	16. 359
17. 837	18. 274
19. 864	20. 476
21. 648	22. 594
23. 179	24. 778
25. 257	26. 918
27. 452	28. 728
29. 798	30. 395

3.
$$\begin{array}{r} \overset{3}{\cancel{7}}\overset{10}{\cancel{4}}2 \\ -\ \ 27 \\ \hline 715 \end{array}$$

6.
$$\begin{array}{r} \overset{7}{\cancel{8}}\overset{14}{\cancel{5}}\overset{10}{2} \\ -\ \ 76 \\ \hline 776 \end{array}$$

9.
$$\begin{array}{r} \overset{8}{\cancel{9}}\overset{9}{0}\overset{10}{4} \\ -\ \ 37 \\ \hline 867 \end{array}$$

15.
$$\begin{array}{r} \overset{8}{\cancel{9}}\overset{14}{\cancel{5}}\overset{10}{2} \\ -\ \ 84 \\ \hline 868 \end{array}$$

20.
$$\begin{array}{r} \overset{4}{\cancel{5}}\overset{15}{\cancel{6}}\overset{10}{4} \\ -\ \ 88 \\ \hline 476 \end{array}$$

24.
$$\begin{array}{r} \overset{7}{\cancel{8}}\overset{11}{\cancel{2}}\overset{10}{5} \\ -\ \ 47 \\ \hline 778 \end{array}$$

26.
$$\begin{array}{r} \overset{6}{\cancel{9}}\overset{10}{\cancel{7}}3 \\ -\ \ 55 \\ \hline 918 \end{array}$$

27.
$$\begin{array}{r} \overset{4}{\cancel{5}}\overset{10}{1}4 \\ -\ \ 62 \\ \hline 452 \end{array}$$

29.
$$\begin{array}{r} \overset{7}{\cancel{8}}\overset{15}{\cancel{6}}\overset{10}{5} \\ -\ \ 67 \\ \hline 798 \end{array}$$

30.
$$\begin{array}{r} \overset{3}{\cancel{4}}\overset{18}{\cancel{9}}\overset{10}{1} \\ -\ \ 96 \\ \hline 395 \end{array}$$

11 집중 연산 ❹ 　70~71쪽

1. 612, 762	2. 516, 207
3. 932, 407	4. 837, 875
5. 248, 619	6. 715, 198
7. 298, 797	8. 872, 492
9. 426, 197	10. 244, 683
11. 599, 386	12. 447, 319
13. 389, 908	14. 826, 446
15. 722, 597	16. 233, 448
17. 323, 507	18. 722, 249
19. 376, 817	20. 488, 947
21. 610, 246	22. 676, 296
23. 768, 387	24. 909, 585
25. 487, 598	26. 378, 708
27. 322, 844	28. 216, 898
29. 563, 598	30. 888, 397

4 시각과 시간

01 시각 알아보기 **74~75**쪽

1. 10	2. 10
3. 7, 30	4. 6, 5
5. 2, 45	6. 4, 5
7. 11, 10	8. 2, 5
9. 4, 10	10. 5, 5
11. 12, 20	12. 3, 15
13. 6, 20	14. 10, 15

02 시간 구하기 **76~77**쪽

1. 100	2. 15
3. 120, 145	4. 180, 3
5. 190	6. 2, 45
7. 265	8. 4
9. 300	10. 5, 15
11. 150	12. 3, 30
13. 290	14. 4, 15
15. 235	16. 6
17. 305	18. 5, 45

03 하루의 시간 **78~79**쪽

1. 34	2. 6
3. 24, 39	4. 24, 1
5. 50	6. 2, 5
7. 68	8. 2, 17

9. 72	10. 4
11. ×	12. ○
13. ×	14. ×
15. ○	16. ○
17. ×	18. ×
19. ○	

4명

5. 2일 2시간=48시간+2시간
   =50시간

6. 53시간=48시간+5시간
   =2일 5시간

7. 2일 20시간=48시간+20시간
   =68시간

8. 65시간=48시간+17시간
   =2일 17시간

9. 3일=24시간+24시간+24시간
   =72시간

10. 96시간=24시간+24시간+24시간+24시간
    =4일

11. 1일 8시간=24시간+8시간
    =32시간

12. 1일 13시간=24시간+13시간
    =37시간

13. 3일 1시간=72시간+1시간
    =73시간

14. 55시간=48시간+7시간
    =2일 7시간

15. 62시간=48시간+14시간
    =2일 14시간

16. 70시간=48시간+22시간
    =2일 22시간

17. 3일 3시간=72시간+3시간
    =75시간

18. 99시간=96시간+3시간
    =4일 3시간

19. 3일 21시간=72시간+21시간
    =93시간

04 1주일, 1년   80~81쪽

1. 12   2. 15
3. 25   4. 35
5. 3   6. 2, 6
7. 4, 3   8. 3, 2
9. 5, 5   10. 3, 9

11.

12.

13.

14.

15.

16.

17.

3. 3주일 4일=21일+4일=25일
4. 2년 11개월=24개월+11개월=35개월
7. 31일=28일+3일=4주일 3일
8. 38개월=36개월+2개월=3년 2개월
9. 40일=35일+5일=5주일 5일
10. 45개월=36개월+9개월=3년 9개월
11. 23개월=12개월+11개월=1년 11개월
   27개월=24개월+3개월=2년 3개월
12. 18일=14일+4일=2주일 4일
   19일=14일+5일=2주일 5일
13. 39개월=36개월+3개월=3년 3개월
   44개월=36개월+8개월=3년 8개월
14. 35일=5주일
   33일=28일+5일=4주일 5일
15. 4년 7개월=48개월+7개월=55개월
   60개월=5년
16. 39일=35일+4일=5주일 4일
   42일=6주일
17. 56개월=48개월+8개월=4년 8개월
   58개월=48개월+10개월=4년 10개월

05 집중 연산 ❶   82~83쪽

1. 185   2. 155, 260
3. 57, 77   4. 90, 97
5. 26, 41   6. 29, 45
7. 26, 54   8. 34, 61
9. 2, 15   10. 3, 40
11. 2, 12   12. 2, 19
13. 3, 8   14. 4, 4
15. 6, 1   16. 7, 1
17. 3, 10   18. 4, 9
19. 5, 8

06 집중 연산 ❷   84~85쪽

1. 88 ; 225	2. 3, 25 ; 4, 40
3. 175 ; 270	4. 3, 35 ; 5, 20
5. 245 ; 295	6. 3, 58 ; 5, 25
7. 44 ; 78	8. 1, 23 ; 3, 14
9. 63 ; 100	10. 2, 4 ; 3, 2
11. 33 ; 85	12. 2, 11 ; 3, 7
13. 22 ; 37	14. 3, 6 ; 6, 2
15. 30 ; 47	16. 5, 1 ; 7, 5
17. 34 ; 51	18. 6, 4 ; 8, 3
19. 32 ; 65	20. 3, 11 ; 5, 7
21. 42 ; 76	22. 3, 1 ; 4, 4
23. 59 ; 70	24. 2, 1 ; 4, 5

5 시간의 덧셈과 뺄셈

01 (시각)+(시간)   88~89쪽

1. 3, 30	2. 6, 50
3. 4, 45	4. 7, 55
5. 7, 50	6. 7, 40
7. 11, 53	8. 9, 56
9. 11, 45	10. 11, 37
11. 4, 55	12. 8, 52
13. 7, 55	14. 11, 20
15. 4, 31	16. 9, 42
17. 3, 57	

12. 5시 26분＋3시간 26분＝8시 52분

13. 5시 38분＋2시간 17분＝7시 55분

14. 8시 15분＋3시간 5분＝11시 20분

15. 1시 5분＋3시간 26분＝4시 31분

16. 6시 37분＋3시간 5분＝9시 42분

17. 1시 40분＋2시간 17분＝3시 57분

02 (시간)+(시간)   90~91쪽

1. 4, 50	2. 3, 20
3. 5, 45	4. 7, 55
5. 7, 40	6. 5, 50
7. 6, 51	8. 7, 43
9. 7, 50	10. 9, 35
11. 12, 33	12. 13, 57
13. 10, 50	14. 9, 40
15. 9, 52	16. 9, 58
17. 9, 45	

12. 7시간 23분＋6시간 34분＝13시간 57분

13. 6시간 34분＋4시간 16분＝10시간 50분

14. 4시간 16분＋5시간 24분＝9시간 40분

15. 5시간 24분＋4시간 28분＝9시간 52분

16. 4시간 28분＋5시간 30분＝9시간 58분

17. 5시간 30분＋4시간 15분＝9시간 45분

03 (시각)−(시각)   92 ~ 93쪽

1. 2, 20
2. 1, 10
3. 3, 15
4. 5, 15
5. 4, 25
6. 3, 5
7. 3, 17
8. 3, 16
9. 2, 14
10. 1, 20
11. 2, 15
12. 1, 5
13. 2, 5
14. 2, 15
15. 1, 7
16. 2, 9
17. 1, 9

12. 11시 45분−10시 40분=1시간 5분
13. 3시 10분−1시 5분=2시간 5분
14. 5시 25분−3시 10분=2시간 15분
15. 6시 32분−5시 25분=1시간 7분
16. 8시 41분−6시 32분=2시간 9분
17. 9시 50분−8시 41분=1시간 9분

04 (시각)−(시간)   94 ~ 95쪽

1. 1, 40
2. 2, 10
3. 2, 5
4. 3, 25
5. 3, 35
6. 4, 15
7. 5, 25
8. 1, 16
9. 5, 19
10. 6, 15
11. 5, 30
12. 7, 23
13. 1, 17
14. 2, 35
15. 5, 28
16. 4, 18
17. 9, 8

10. 8시 49분−2시간 34분=6시 15분
11. 10시 47분−5시간 17분=5시 30분
12. 11시 48분−4시간 25분=7시 23분
13. 7시 39분−6시간 22분=1시 17분
14. 7시 52분−5시간 17분=2시 35분
15. 9시 53분−4시간 25분=5시 28분
16. 10시 40분−6시간 22분=4시 18분
17. 11시 42분−2시간 34분=9시 8분

05 (시간)−(시간)   96 ~ 97쪽

1. 1, 40
2. 2, 10
3. 2, 20
4. 4, 40
5. 4, 25
6. 3, 45
7. 1, 47
8. 2, 6
9. 6, 17
10. 1, 5
11. 2, 10
12. 2, 15
13. 2, 20
14. 2, 30
15. 3, 35
16. 2, 10

11. 6시간 50분−4시간 40분=2시간 10분
12. 6시간 50분−4시간 35분=2시간 15분
13. 4시간 40분−2시간 20분=2시간 20분
14. 4시간 35분−2시간 5분=2시간 30분
15. 6시간 50분−3시간 15분=3시간 35분
16. 4시간 40분−2시간 30분=2시간 10분

06 집중 연산 ❶ 　　98~99쪽

1. 3시 40분, 6시 35분
2. 3시간 30분, 7시간 15분
3. 3시 57분, 6시 36분
4. 2시 23분, 5시 8분
5. 5시간 40분, 8시간 53분
6. 2시 18분, 1시간 30분
7. 4시간 50분, 6시간 57분
8. 3시간 5분, 5시간 37분
9. 2시 55분
10. 3시간 33분
11. 6시 42분
12. 5시간 5분
13. 6시 52분
14. 4시 33분
15. 5시간 44분
16. 5시 15분
17. 7시간 57분
18. 3시간 17분
19. 6시간 51분
20. 3시간 7분

07 집중 연산 ❷ 　　100~101쪽

1. 4, 55
2. 6, 30
3. 7, 56
4. 5, 45
5. 6, 40
6. 7, 50
7. 6, 35
8. 2, 17
9. 3, 18
10. 3, 35
11. 2, 5
12. 3, 13
13. 1, 8
14. 5, 26
15. 2, 17
16. 2시 55분
17. 6시 42분
18. 7시 42분
19. 5시간 30분
20. 7시간 57분
21. 6시간 51분
22. 1시간 25분
23. 5시간 27분
24. 3시간 9분
25. 2시 25분
26. 2시 27분
27. 6시 13분
28. 1시간 17분
29. 7시간 29분

6 세 수의 계산

01 세 수의 덧셈 　　104~105

1. 276, 276
2. 418, 418
3. 443
4. 589
5. 585
6. 756
7. 837
8. 857
9. 418
10. 614
11. 552
12. 688
13. 384
14. 644
15. 452
16. 506

3. $352+23+68=443$
　375
　443

4. $536+15+38=589$
　551
　589

5. $487+46+52=585$
　533
　585

6. $674+54+28=756$
　728
　756

7. $716+54+67=837$
　770
　837

8. $783+29+45=857$
　812
　857

9. $320+53+45=418$
10. $515+37+62=614$
11. $462+34+56=552$
12. $603+56+29=688$
13. $287+52+45=384$

14. $556+44+44=644$
15. $365+48+39=452$
16. $419+51+36=506$

02 세 수의 뺄셈　　106~107쪽

1. 245, 245
2. 232, 232
3. 353
4. 469
5. 537
6. 607
7. 731
8. 790
9. 216
10. 354
11. $520-68-96=356$
12. $572-84-75=413$
13. $628-94-88=446$
14. $554-78-95=381$
15. $461-58-77=326$
16. $390-85-78=227$

3. $432-51-28=353$
381
353

4. $561-34-58=469$
527
469

5. $628-34-57=537$
594
537

6. $685-51-27=607$
634
607

7. $810-43-36=731$
767
731

8. $854-39-25=790$
815
790

03 세 수의 덧셈과 뺄셈 ⑴　　108~109쪽

1. 226, 226
2. 334, 334
3. 448
4. 535
5. 625
6. 717
7. 777
8. 785
9. 258
10. 347
11. $452+87-55=484$
12. $510+65-78=497$
13. $341+32-88=285$
14. $287+76-58=305$
15. $562+84-69=577$
16. $410+62-96=376$

3. $426+51-29=448$
477
448

4. $45+583-93=535$
628
535

5. $658+34-67=625$
692
625

6. $26+748-57=717$
774
717

7. $812+43-78=777$
855
777

8. $25+857-97=785$
882
785

04 세 수의 덧셈과 뺄셈 (2) 110~111쪽

1. 280, 280	2. 372, 372
3. 345	4. 384
5. 514	6. 629
7. 779	8. 852
9. 649	10. 609
11. 629	12. 600
13. 633	14. 611
15. 625	16. 619
17. 617	

연상퀴즈 제비, 박씨, 구렁이, 주걱 ; 흥부와 놀부(흥부전)

4. $418-63+29=384$
    355
    384

5. $475-39+78=514$
    436
    514

6. $580-29+78=629$
    551
    629

7. $753-46+72=779$
    707
    779

8. $827-43+68=852$
    784
    852

05 몇십으로 만들어 계산하기 112~113쪽

1. $310 + 29 + 49 = \boxed{388}$
    ↓+1 ↓+1 ↑−2
    $310 + 30 + 50 = \boxed{390}$

2. $380 - 49 - 29 = \boxed{302}$
    ↓+1 ↓+1 ↑+2
    $380 - 50 - 30 = \boxed{300}$

3. $454 + 19 + 59 = \boxed{532}$
    ↓+1 ↓+1 ↑−2
    $454 + 20 + \boxed{60} = \boxed{534}$

4. $562 - 39 - 49 = \boxed{474}$
    ↓+1 ↓+1 ↑+2
    $562 - 40 - \boxed{50} = \boxed{472}$

5. $678 + 28 + 69 = \boxed{775}$
    ↓+2 ↓+1 ↑−3
    $678 + \boxed{30} + \boxed{70} = \boxed{778}$

6. $721 - 19 - 58 = \boxed{644}$
    ↓+1 ↓+2 ↑+3
    $721 - \boxed{20} - \boxed{60} = \boxed{641}$

7~14.

쪽지 시험		이름	김 천 재
몇십으로 만들어 계산하기			

7 $270 + 19 + 59 = \boxed{348}$
   ↓+1 ↓+1 ↑−2
   $270 + 20 + 60 = \boxed{350}$

8 $485 + 39 + 49 = \boxed{573}$
   ↓+1 ↓+1 ↑−2
   $485 + 40 + \boxed{50} = \boxed{575}$

9 $638 + 28 + 29 = \boxed{695}$
   ↓+2 ↓+1 ↑−3
   $638 + \boxed{30} + \boxed{30} = \boxed{698}$

10 $816 + 18 + 38 = \boxed{872}$
    ↓+2 ↓+2 ↑−4
    $816 + \boxed{20} + \boxed{40} = \boxed{876}$

11 $350 - 29 - 49 = \boxed{272}$
    ↓+1 ↓+1 ↑+2
    $350 - 30 - 50 = \boxed{270}$

12 $526 - 19 - 59 = \boxed{448}$
    ↓+1 ↓+1 ↑+2
    $526 - 20 - \boxed{60} = \boxed{446}$

13 $771 - 38 - 29 = \boxed{704}$
    ↓+2 ↓+1 ↑+3
    $771 - \boxed{40} - \boxed{30} = \boxed{701}$

14 $926 - 68 - 18 = \boxed{840}$
    ↓+2 ↓+2 ↑+4
    $926 - \boxed{70} - \boxed{20} = \boxed{836}$

06 더해서 몇십이 되는 수 먼저 계산하기 **114 ~ 115**쪽

1. $342 + 54 + 28 = \boxed{424}$
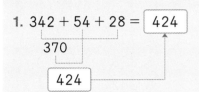
370
$\boxed{424}$

2. $376 + 17 + 43 = \boxed{436}$
60
$\boxed{436}$

3. $474 + 35 + 56 = \boxed{565}$
$\boxed{530}$
$\boxed{565}$

4. $527 + 39 + 21 = \boxed{587}$
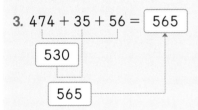
$\boxed{60}$
$\boxed{587}$

5. $573 + 68 + 47 = \boxed{688}$
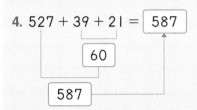
$\boxed{620}$
$\boxed{688}$

6. $635 + 48 + 42 = \boxed{725}$
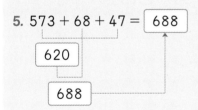
$\boxed{90}$
$\boxed{725}$

7. $413 + 39 + 27 = \boxed{479}$ 동
$\boxed{440}$
$\boxed{479}$

8. $386 + 37 + 53 = \boxed{476}$ 운
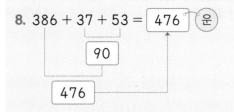
$\boxed{90}$
$\boxed{476}$

9. $354 + 23 + 76 = \boxed{453}$ 가
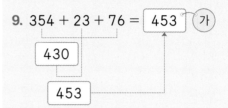
$\boxed{430}$
$\boxed{453}$

10. $423 + 29 + 11 = \boxed{463}$ 무
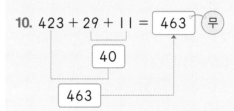
$\boxed{40}$
$\boxed{463}$

11. $408 + 45 + 12 = \boxed{465}$ 거
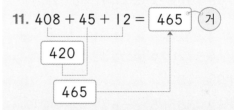
$\boxed{420}$
$\boxed{465}$

12. $415 + 14 + 56 = \boxed{485}$ 물
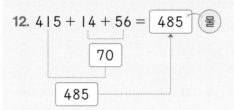
$\boxed{70}$
$\boxed{485}$

13. $365 + 69 + 25 = \boxed{459}$ 장
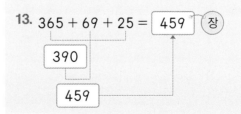
$\boxed{390}$
$\boxed{459}$

가장 무거운 동물은? : 흰수염고래(150~160톤)

1. $342+28=370$이므로 먼저 더합니다.
> **참고** 일의 자리 수끼리의 합이 10이 되는 두 수를 먼저 더합니다.

07 집중 연산 ❶   116~117쪽

1. 422, 383	2. 410, 394
3. 565, 486	4. 560, 647
5. 748, 600	6. 699, 751
7. 943, 878	8. 768, 866

9. 867, 641, 311
10. 866, 611, 317
11. 788, 657, 413
12. 220, 664, 489
13. 355, 501, 892
14. 570, 248, 891

9. $784+56+27=867$, $576+38+27=641$, $217+38+56=311$

10. $940-43-31=866$, $682-43-28=611$, $376-31-28=317$

11. $853-36-29=788$, $629+57-29=657$, $392+57-36=413$

12. $259-53+14=220$, $678-53+39=664$, $436+14+39=489$

13. $275+38+42=355$, $526-67+42=501$, $921-67+38=892$

14. $548-53+75=570$, $337-53-36=248$, $852+75-36=891$

08 집중 연산 ❷   118~119쪽

1. 335	2. 404
3. 552	4. 735
5. 755	6. 828
7. 263	8. 382
9. 409	10. 627
11. 637	12. 838
13. 295	14. 433
15. 624	16. 626
17. 750	18. 874
19. 488	20. 555
21. 754	22. 875
23. 891	24. 903

빅터 연산

플러스 알파   120쪽

1. 600, 643	2. 1000, 1033

똑똑한 하루 시/리/즈

배우는 즐거움! 쌓이는 기초 실력!

공부 습관을
만들자!
하루 10분!

과목	교재 구성	과목	교재 구성
하루 독해	예비초~6학년 각 A·B (14권)	하루 VOCA	3~6학년 각 A·B (8권)
하루 어휘	예비초~6학년 각 A·B (14권)	하루 Grammar	3~6학년 각 A·B (8권)
하루 글쓰기	예비초~6학년 각 A·B (14권)	하루 Reading	3~6학년 각 A·B (8권)
하루 한자	예비초: 예비초 A·B (2권) 1~6학년: 1A~4C (12권)	하루 Phonics	Starter A·B / 1A~3B (8권)
하루 수학	1~6학년 1·2학기 (12권)	하루 봄·여름·가을·겨울	1~2학년 각 2권 (8권)
하루 계산	예비초~6학년 각 A·B (14권)	하루 사회	3~6학년 1·2학기 (8권)
하루 도형	예비초 A·B, 1~6학년 6단계 (8권)	하루 과학	3~6학년 1·2학기 (8권)
하루 사고력	1~6학년 각 A·B (12권)	하루 안전	1~2학년 (2권)

정답은
이안에
있어!